中国古代名著全本译注丛书

孝经

译注

汪受宽　译注

图书在版编目（CIP）数据

孝经译注／汪受宽译注. —上海：上海古籍出版
社，2016. 11（2024.12 重印）
（中国古代名著全本译注丛书）
ISBN 978－7－5325－8224－2

Ⅰ.①孝… Ⅱ.①汪… Ⅲ.①家庭道德—中国—古代
②《孝经》—译文③《孝经》—注释 Ⅳ.①B823.1

中国版本图书馆 CIP 数据核字（2016）第 225907 号

中国古代名著全本译注丛书

孝经译注

汪受宽　译注

上海古籍出版社出版发行

（上海市闵行区号景路159弄1–5号A座5F　邮政编码201101）

（1）网址：www. guji. com. cn

（2）E–mail：guji1@ guji. com. cn

（3）易文网网址：www. ewen. co

江阴市机关印刷服务有限公司印刷

开本 890×1240　1/32　印张 4.375　插页5　字数108,000

2016 年 11 月第 1 版　2024 年 12 月第 4 次印刷

印数 6,251–7,050

ISBN 978－7－5325－8224－2

B·961　定价：18. 00 元

如有质量问题,请与承印公司联系

前　言

　　作为儒家十三经之一的《孝经》，在中国传统文化体系中占有重要位置。它以简要通俗的文字，阐述古人视为一切道德根本的孝道，古代学者将其称作儒家六经的总汇，并世代作为孩童启蒙教育的主要教材。先后有魏文侯、晋元帝、晋孝武帝、梁武帝、梁简文帝、唐玄宗、清世祖、清圣祖、清世宗等君王和五百多位学者为该书作注解释义。《孝经》不但被历代统治者奉为治理天下的至德要道，同时也是普通百姓做人的基本道德准则。时至今日，传统孝道的内涵已发生变化，但其基本精神在任何时代都有其价值，发掘其中的合理成分，以为今用，仍是一项必要的工作，而梳理经文，阐释大义，并在此过程中有所甄别，则是该项工作最基本、最有效的方法之一。

一、书名与内容

　　孝是中国古代子女善待父母长辈的伦理道德行为的称谓。《尔雅》中说："善事父母曰孝。"《说文解字》"老部"中解释："孝，善事父母者。从老省，从子，子承老也。"儒学礼书《礼记·祭统》中也说："孝者，畜也。顺于道，不逆于伦，是之谓畜。"都把赡养父母作为孝的基本内容。但是孔子却批评这种观点，在《论语·为政》中驳斥道："今之孝者，是谓能养。至于犬马，皆能有养，不敬，何以别乎？"孟子也在《孟子·万章上》中言："孝子之至，莫大于尊亲。"孔子和孟子给孝赋予了崇敬父母的内容，以便与一般动物的照料其上代相区别。孔子的后学，更对孝进行了全面的定义。在《礼记·祭义》中，曾参说："孝有三：大孝尊亲，其次弗辱，其下能养。"这样，所谓孝有三等：最上是尊亲，即爱戴和崇敬父母，立身行道以扬名显亲和传宗接代；其次是不辱，即不亏身体，不辱自身和为亲复仇。最后是养亲，即养口体，侍疾病，顺其意，乐其心，重其丧。

孝这一道德意识，是原始先民生殖崇拜和祖先崇拜的发展。大约在八千至一万年前，中华大地的许多地方已经开始了农业生产，并逐渐形成了农业社会。在落后的生产力条件下，从事农业生产必须有足够的劳动力，从而造成了华夏先民很早就有了生殖崇拜，以祈求人类自身繁衍能力的加强。在青海乐都柳湾出土的人形陶壶上，塑了一位有明显乳房和生殖器的女性。形如男性生殖器的石祖、陶祖，则到处都有发现。许多原始岩画表现有男女交媾的形象。辽宁喀左东山嘴红山文化建筑群址，出土有一腹部突起，臀部肥大，有女阴标志的孕妇塑像。这种崇拜是人类因其出生而自然产生的。另外，从事农业劳动，必须有丰富的经验和技能，这就造成了先民对家中年长者的尊敬，因为年长者有很丰富的劳动经验和高明的技术。神农和后稷的故事，就是这种尊崇有劳动经验长者风气的最早遗留。而在老人死后仍继续这种崇敬，就成为祖先崇拜。早期各个家族对自己祖先世系及其神化了的事迹的传说，是这种崇拜的表现之一。《尚书·尧典》中记载四岳推荐虞舜担任帝尧的继承人，说他是"瞽子，父顽，母嚚，象傲，克谐，以孝烝烝，乂（yì，治理、安定）不格奸"。意思是说，他是一个瞎子的儿子，父亲固执，母亲放肆，弟弟象傲慢，却能以孝道使得家庭安定和睦，不至于出乱子。据说，帝尧任命虞舜协调人伦关系，引导民间父义、母慈、兄友、弟恭、子孝。可见，至迟在传说的五帝时期已经有了孝的概念。

周初制定以血缘关系为纽带的宗法制度，使孝成为一种正式的人伦规范和礼仪制度。《诗经》中屡屡言及孝。如《蓼莪》写

道："蓼蓼者莪，匪莪伊蒿。哀哀父母，生我劬劳。蓼蓼者莪，匪
莪伊蔚。哀哀父母，生我劳瘁。瓶之罄矣，维罍之耻。鲜民之生，
不如死之久矣。无父何怙，无母何恃！出则衔恤，入则靡至！"春
秋战国时代，儒家、道家、墨家、纵横家、法家都讲孝道。儒家
将孝视为"三皇五帝之本务而万事之纪也"[1]，"夫孝，天之经
也，地之义也，民之行也"，"夫孝，德之本也，教之所由生
也"[2]，提到了非常高的位置。墨家也不甘落后，提出"孝，利
亲也"[3]。又说，"君子莫若欲为惠君、忠臣、慈父、孝子、友
兄、悌弟，当若兼之不可不行也。此圣王之道，而万民之大利
也"[4]。道家虽然反对儒家伦理道德的说教，却仍然提倡孝行，
在《老子》第十九章中提出："绝仁弃义，民复孝慈。"纵横家也
将孝道视为政治的重要内容，《战国策·楚策三》载，苏秦对楚
王说："仁人之于民也，爱之以心，事之以善言。孝子之于亲也，
爱之以心，事之以财。忠臣之于君也，必进贤人以辅之。"甚至法
家也认定孝在治国中极为重要，而声言："臣事君，子事父，妻事
夫，三者顺则天下治，三者逆则天下乱。""孝子不非其亲"，"家
贫则富之，父苦则乐之"[5]。可见，到秦统一以前，孝已成为当
时诸家公认的一种道德观念。在汉武帝"废黜百家，独尊儒术"
以后，孝道正式成为统治者教化的根本和治国的有力武器，并随
着历史的发展，而日渐深入人心，成为一种民族道德观点和文化
心理，而历久常新地沉淀了下来。

　　《孝经》是儒家阐述其孝道和孝治观的一部著作。我们知道，
先秦时儒家的六部经典《诗》、《书》、《易》、《礼》、《春秋》、
《乐》皆不称"经"，为什么惟独《孝经》以"经"为名呢？所
谓经，本来指织布时拴在织机上的竖纱，编织物的纵线。与纬（横
线）相对。织物没有经线就无法造成布帛，而且在织布时，经线始
终不动，只有纬线在不停地穿插于经线之中。因而经就有了纲领
的意思，有了常的意思，有了根本原则的意思。故而，《释名·释

典艺》言："经，径也，常典也。如径路无所不通，可常用也。"
以此推之于社会，要实现国家的治理，有千头万绪，必须为之建
立纲领，行事才有条理和规矩，所以将治理天下称为"经纶天
下"。如《易·屯卦》称："君子以经纶。"《周礼·天官大宰》
言："以经邦国，以治官府。"以此推之于人的行为，如果没有一
条贯通的道德标准原则，人们就不知道如何去做，因而当时将圣
哲者阐述其基本思想理论，可以垂训天下的书籍称为经。如汉代
称孔子整理的六部著作为"六经"。先秦即有将重要著作称"经"
的。《国语·吴语》中有"十行一嬖大夫，建旌提鼓，挟经秉
枹"。称兵书为经。甘公和石申的天文学著作合编，称为《甘石
星经》。相传为古医书的，称《内经》、《难经》。墨子自著之《墨
经》中有《经上》、《经下》、《经说上》、《经说下》诸篇名。先
秦诸家在学术上互相驳难，亦相互浸染。在这种情况下，儒家将
自己关于孝道观的著作称为《孝经》，也就不足为奇了。

　　对《孝经》之命名，前人多有诠释。班固《汉书·艺文志》
孝经类小序言："夫孝，天之经，地之义，民之行也。举大者言，
故曰《孝经》。"敦煌本郑氏序言："夫孝者，盖三才之经纬，五
行之纲纪。若无孝，则三才不成，五行僭序。是以在天则曰至德，
在地则曰愍德，施之于人则曰孝德。故下文言，夫孝者，天之经，
地之义，人之行，三德同体而异名，盖孝之殊途。经者，不易之
称，故曰《孝经》。"由此说来，《孝经》之"经"字，是指孝为
贯通天地人三才的一种大经纬、大道理，是做人的准则和行为规
范，也是人们如何行孝的具体方法说教。

　　《孝经》有今文本和古文本的不同。本译注所用正文底本，
为清阮元校勘的唐玄宗"御注"的《今文孝经》十八章本。《孝
经》十八章，大体可分为六个部分，其内容是：

　　第一章《开宗明义章》，是全书的总纲，总述孝的宗旨和根
本，阐明孝道是做人的最高的道德，是治理天下最好的手段。

　　第二章至第六章，分别论说天子、诸侯、卿大夫、士、庶人这五种贵贱不同者孝行的不同要求，统称为"五孝"。第二章《天子章》，论一统天下的天子的孝，主要是广爱敬，使民众有所依赖。第三章《诸侯章》，论诸侯的孝道，主要是随时戒惧，谦虚审慎，以保其社稷。第四章《卿大夫章》，言卿大夫的孝道，是在各方面严格遵守礼制，为民众作出表率。第五章《士章》，认为士的孝道，应以事父事母的爱和敬，去事君以忠，事上以顺。第六章《庶人章》，指出庶人之孝，就是努力生产，谨慎节用，供养父母。并总结道，人无论尊卑贵贱，只要始终如一，都能做到孝。

　　第七章至第九章，阐述孝道对政治的意义和作用，是该书孝治观的主要部分。第七章《三才章》，认为孝是符合天地运行和人的本性的行为，是德政的根本。第八章《孝治章》，论说从天子到庶人只要以孝道治理所辖之天下、侯国和家庭，就能达到长治久安和无灾无难的目的。第九章《圣治章》，以周公为例，说明圣人是如何用孝道使天下得到治理的。

　　第十章和第十一章，进一步论说如何行孝。第十章《纪孝行章》，提出孝子事亲有"五要三戒"，否则即使每天给父母吃得再好，也是不孝。第十一章《五刑章》，从反面论说孝行，提出要挟君主、非议圣人、目无父母这三种不孝的行为，是天下祸乱的根源。

　　第十二章至第十四章，是对第一章中的三句话予以进一步阐述。其中前两章是论说君主如何利用孝道治理国家、感化民众。第十二章《广要道章》，言国君以孝治国的最佳方法，是一个敬字，敬人之父、兄、君，就能使所有人都变得善良。第十三章《广至德章》，言国君利用孝道教化民众，主要是自己在孝、悌、臣这三方面作出道德的榜样。第十四章《广扬名章》，讲孝道与扬名的关系。

第十五章至第十八章，论述行孝道的几个具体做法。第十五章《谏诤章》，指出为人子和为人臣者，在以孝道事父事君时，不可一味顺从，遇其不义，要敢于进行谏诤。第十六章《感应章》，言君主若能听从谏诤之言，就能感动天地神明，降福人间。第十七章《事君章》，论说臣子事君要尽忠补过、顺美救恶，使上下相亲。第十八章《丧亲章》，阐明孝子在办理丧事和祭祀时应有的表现和具体做法，以作为孝论的总结。

二、作者与成书年代

先秦甚至西汉，人们著书一般都不标作者姓名。先秦诸子，虽题为某子，实际上不一定为该子所作，而可能是其弟子门人及后人的手笔。这种风气，流行颇久。以至出现了秦始皇读《孤愤》、《五蠹》，叹不"得见此人，与之游"[6]，汉武帝读《子虚赋》，伤"朕独不得与此人同时哉!"[7]只是经李斯、杨得意二人当时揭破，后人才不至对韩非、司马相如的著作权发生怀疑。而其他许多先秦典籍就没有这么幸运，那些不标作者姓名的作品，往往引起后代诸多辨伪者的疑窦，从而对其作者和成书年代众说纷纭。

《孝经》也是如此，历来不标其作者。故而关于其作者和成书年代问题，历代学者聚讼不已，看法颇多。

最早提及《孝经》作者的是《史记·仲尼弟子列传》，文中说:"孔子以(曾参)为能通孝道，故授之业。作《孝经》。"这是第一种看法，说该书为曾参所作。

而《汉书·艺文志》孝经类小序言:"《孝经》者，孔子为曾子陈孝道也。"同样出自班固之手的《白虎通义·五经》也言:"孔子……已作《春秋》，复作《孝经》何?"都称该书为孔子自作，这是第二种看法。

宋司马光《古文孝经指解序》言：“圣人言则为经，动则为法，故孔子与曾参论孝，而门人书之，谓之《孝经》。”清毛奇龄《孝经问》言：“此是春秋、战国间七十子之徒所作，稍后分《论语》，而与《大学》、《中庸》、《孔子闲居》、《仲尼燕语》、《坊记》、《表记》诸篇同时，如出一手。故每说一章，必有引经数语以为证，此篇例也。”《四库全书总目提要》该书提要言：“今观其文，去二戴所录为近，要为七十子徒之遗书。使河间献王采入一百三十一篇中，则亦《礼记》之一篇，与《儒行》、《缁衣》转从其类。”这是第三种说法，认为是孔子的弟子当时所记，或事后所作。

南宋晁公武《郡斋读书志》言：“今其首章云‘仲尼居，曾子侍’，则非孔子所著明矣。详其文书，当是曾子弟子所为书。”南宋王应麟《困学纪闻》卷七引胡寅语云：“《孝经》非曾子所自为也。曾子问孝于仲尼，退而与门弟子言之，门弟子类而成书。”这是第四种看法，言为曾参弟子所作。

《困学纪闻》卷七又言：“冯氏曰：子思作《中庸》，追述其祖之语，乃称字，是书当成于子思之手。”则冯椅指实该书为曾参弟子、孔子之孙子思所作，这是第五种看法。

宋朱熹《孝经刊误后序》引胡宏、汪应辰语，说：“衡山胡侍郎疑《孝经》引诗，非经本文；玉山汪端明亦以此书多出后人附会。”这是第六种，后人附会说。

近人王正己《孝经今考》说：“总之《孝经》的内容，很接近孟子的思想，所以《孝经》大概可以断定是孟子门弟子所著的。”这是第七种说法，认为是孟子弟子所作。

明吴廷翰《吴廷翰集·椟记》卷上《孝经》条言：“《孝经》一书，多非孔子之言，出于汉儒附会无疑。”清姚际恒《古今伪书考》言：“是书来历出于汉儒，不惟非孔子作，并非周秦之言也。"今人黄云眉《古今伪书考补证》言:"然则此书之为汉人伪托,灼然可知。"这是第八种说法,言为汉人所伪托。

要弄清《孝经》的作者,必须先设法确定该书撰成年代的大体坐标。成书于秦王政六年(前241)的《吕氏春秋》[8],几次征引《孝经》的文字。其《察微》篇言:"《孝经》曰:'高而不危,所以长守贵也;满而不溢,所以长守富也。富贵不离其身,然后能保其社稷,而和其民人。'"其《孝行》篇有"故爱其亲,不敢恶人;敬其亲,不敢慢人。爱敬尽于事亲,光耀加于百姓,究于四海,此天子之孝也。"与《孝经》之《诸侯章》《天子章》除个别文字有异外,基本相同,明显系引自该书。由此可知,《孝经》最迟撰成于公元前241年以前。汉儒伪撰说是站不住脚的。

另外,《汉书·艺文志》中著录有《杂传》四篇,王应麟《汉书艺文志考证》断言:"蔡邕《明堂论》引魏文侯《孝经传》,盖杂传之一也。"清人王谟辑有魏文侯《孝经传》一卷,收于《汉魏遗书抄》中,清人马国翰也辑有魏文侯《孝经传》一卷,收于《玉函山房辑佚书》中。在汉唐人的著作中,对魏文侯《孝经传》屡有引述。如《后汉书·祭祀志中》注引蔡邕《明堂论》言:"魏文侯《孝经传》曰:'太学者,中学明堂之位也。'"贾思勰《齐民要术·耕田》引述:"魏文侯曰:'民春以力耕,夏以锄耘,秋以收敛。'"可见,魏文侯撰《孝经传》(古称注为"传")乃为不争之事实。魏文侯名斯(又作"都"),为战国初魏国君主,《史记·魏世家》说他在位三十八年(前445—前408),而《世本》云其在位五十一年(前445—前396)。魏文侯礼贤下士,任用李悝、翟璜、吴起、乐羊、西门豹、卜子夏、段干木等人改革政治,发展经济,使魏国在战国初年成为最强的一个国家。当时,诸侯争相攻战,唯有魏文侯好学,他曾向孔子的高足弟子卜子夏(前507—?)学习经艺,又以子贡的弟子田子方和子夏的弟子段干木为师。《汉书·艺文志》诸子略儒家类,著录有"《魏文侯》六篇”，其中即包括《孝经传》四篇。班固为免重复，故而在“《孝经》类”中未再明言《杂传》为魏文侯作。既然魏文侯能为《孝经》作注，则《孝经》的成书时间最迟也应在公元前396年以前。而孟子约生于公元前372年，逝于公元前289年。他的弟子一般应比他的年龄为轻，都生于魏文侯之后百年。故孟子弟子作《孝经》说，亦属于无稽之说。

排除了第七、八两种说法，第六种后人附会说，因其难以明晰，亦可置而不论。其他五说的作者，孔子（前551—前479）生活于魏文侯之前，曾参（前505—前436）、子思（前483—前402）大体与魏文侯同时或稍早。《史记·仲尼弟子列传》一文，记载有孔子的三十五名高足的年龄，其中最年幼的楚人公孙龙（非战国名家代表人物之赵人公孙龙）比孔子小五十三岁，即出生于公元前499年。至于曾参弟子，年龄应该与魏文侯大体相近或稍幼。两者皆不可排除。

研究《孝经》中的人名称谓，是解决其作者问题的途径之一。古代著作对人的称谓十分重视。称名，称字，称君，称子，各有不同。何况孔子是史家书法的创始者。孔子在《论语·子路》中言：“名不正，则言不顺；言不顺，则事不成。”他作《春秋》，“约其文辞而指博。故吴楚之君自称王，而《春秋》贬之曰‘子’；践土之会实召周天子，而《春秋》讳之曰‘天王狩於河阳’：推此类以绳当世。贬损之义，后有王者举而开之”〔9〕。《春秋》中，“凡弑君，称君，君无道也；称臣，臣之罪也”〔10〕。既然《孝经》是孔子或孔门弟子之作，当亦十分注意人名的称谓问题。《孝经》中关于具体人的称呼，仅有称孔子的“仲尼”、“子（曰）”，称曾参的“曾子”、“参”。仲尼为孔子的字。《仪礼·士冠礼》言：“冠而字之，敬其名也。”字是供他人称呼以示敬重的别名。既然《孝经》中有称孔子之字“仲尼”的，则该书显然不是孔子所作。再说书中多次出现的“子曰”的说法。其“子”当指孔子而言。邢昺《疏》云："《正义》曰，子者，孔子自谓。案《公羊传》曰：子者，男子通称也。古者谓师为子，故夫子以子自称。曰者，辞也。"其中"孔子自称"的说法，明显系出自其孔子自作《孝经》说，不可为据。查《十三经》中，出现有数百次"子曰"，皆是在各种场合孔子言论的标示，很难找到孔子用"子曰"来称呼自己言辞的。故而，"子曰"二字，不能成为孔子作《孝经》的证据。至于"曾子"二字，当然是曾参的敬称。我们查阅《论语》各章，孔子话语中对其学子的称谓，都是称名。如，称子贡为"赐"，称颜回为"回"，称仲由为"由"，称子夏为"商"，称曾参为"参"，无一例外。若《孝经》真是孔子所作，他怎么可能以弟子的口吻称自己的学生曾参为"曾子"？由此，可以肯定，《孝经》绝不是孔子自作。此例同时也可以否定曾参作《孝经》说。因为，曾参不可能在自己的著作中自称为"曾子"。至于书中"参"之一名，仅在《开宗明义章》中出现一例。其文为"曾子避席曰：'参不敏，何足以知之？'"显然不是《孝经》作者对曾参的称谓，而是曾参在对孔子问话答辞中的自称。古代有讳名的习惯，即不可直呼尊者敬者之名。但是在尊者敬者同辈面前，却应自称己名，以示谦恭。《白虎通义·姓名》言："'君前臣名，父前子名。'谓大夫名卿，弟名兄也。明不讳于尊者之前也。"如《孟子·离娄下》："子思居于卫，有齐寇。或曰：'寇至，盍去诸？'子思曰：'如伋去，君谁与守？'"伋为子思自称名。曾参在《孝经》中自称为"参"，是其在师尊面前的谦恭。此称谓既为引语，因而，此例不能作为《孝经》为曾参所作的证据。从书中作者称孔子为"仲尼"、"子"，称曾参为"曾子"看，其人有可能是曾参的弟子。但也不排除是孔子门人的可能。我们知道，孔子有三千弟子，其中"受业身通者七十有七人"[11]，曾参即为其中之一。曾参以道行著称，受到同学诸生的敬重。《论语》为孔子弟子及再传弟子所记，其中，除孔子话语外，凡提到曾参，都尊称为"曾子"。总之，从称谓分析，《孝经》绝不是孔子或曾参所作，而可能是曾参弟子或孔子弟子所作。

然而，能否在孔子弟子或曾参弟子中实指某人为《孝经》作者呢?《困学纪闻》卷七言："冯氏曰:子思作《中庸》，追述其祖之语，乃称字，是书当成于子思之手。"此乃冯椅推测子思作《孝经》之言，无多证据。子思是孔子的孙子，曾参的学生，儒家学派的重要传人。《史记·孔子世家》附有其简传，言："伯鱼生伋，字子思，年六十二。尝困于宋。子思作《中庸》。"《史记·孟子荀卿列传》言："孟轲受业子思之门人。"前一段记载据后人研究，有错误之处。梁玉绳《史记志疑》考订，子思当享年八十二岁。《汉书·艺文志》诸子略儒家类有《子思》二十三篇，且自注云:"名伋，孔子孙，为鲁缪公师。"《孔丛子》以四分之一以上的篇幅记载了子思的言行〔12〕，包括其撰《中庸》之书四十九篇的事。其《记问》篇载，孔子对子思十分赞赏，曾欣慰地说："吾无忧矣，世不废业，其克昌乎!"《大戴礼记》中所收《曾子》十篇，其中的《曾子本孝》、《曾子立孝》、《曾子大孝》、《曾子事父母》四篇，都是论孝道的，而且内容"与《孝经》相表里"〔13〕。但上文已经考定，《孝经》不可能是曾参所作。故而有必要从思想上考证，《孝经》是否为曾参弟子子思所作。《子思》一书久已佚失。《隋书·音乐志上》载沈约言："汉初典章灭绝，诸儒掇拾沟渠墙壁之间，得片简遗文，与礼事相关者，即编次以为礼，皆非圣人之言。……《中庸》、《表记》、《防（坊）记》、《缁衣》，皆取《子思子》。"查今本《礼记》上述四篇，有多处论及孝道。《坊记》载："子云，善则称亲，过则称己，则民作孝。""子云，从命不忿，微谏不倦，劳而不怨，可谓孝矣。""子云，小人皆能养其亲，君子不敬，何以辨?""子云，长民者，朝廷敬老则民作孝。""子云，祭祀之有尸也，宗庙之有主也，示民有事也。修宗庙，敬祀事，教民追孝也。""子云，孝以事君，弟以事长，示民不贰也。……丧父三年，丧君三年，示民不疑也。"《中庸》载："子曰，舜其大孝也与，德为圣人，尊为天子，富有四海之内，宗庙飨之，子孙保之。""周公成文、武之德，追王大王、王季，上祀先公以天子之礼。""子曰，武王、周公其达孝矣乎。夫孝者，善继人之志，善述人之事者也。……爱其所亲，事死如事生，事亡如事存，孝之至矣。"《表记》载："子言之，君子之所谓仁者，其难乎。《诗》云：'恺弟君子，民之父母。'恺以强教之，弟以说安之，乐而毋荒，有礼而亲，威庄而安，孝慈而敬，使民有父之尊，有母之亲，如此，而后可以为民父母矣。非至德，其孰能如此乎？"皆与《孝经》有相近相似之处，或可与《孝经》相发明。在这种情况下，子思完全有可能追述其祖孔子的思想，依据其师曾参的传授，再加上自己的发挥，撰作《孝经》。

可见，无论从时间上、传授上，还是从思想上，子思都可能是《孝经》的作者。子思的年龄大体与魏文侯相当，而逝世于其前后数年。由于魏文侯有尊贤之名，子夏等人都在魏受到厚遇，子思就有可能到过魏都安邑。魏文侯为《孝经》作注，就不足为怪。而在当时，该书从撰成到传至魏文侯之手当需要时日，而魏文侯为其作注又需时日。故而，子思撰写《孝经》可能在魏文侯逝世之前十年至二十年，即约公元前428—前408年之间。

三、今古文之谜与《孝经》传承

和其他先秦儒家经典一样，《孝经》也存在着今古文之争。

《孝经》撰成后，经魏文侯作注，在社会上有较大影响，故而能被《吕氏春秋》等典籍所征引。秦始皇焚书，给中国文化典籍的传承造成极坏的影响。许多先秦古籍，因为焚书和藏书之禁而被毁灭或遭散乱。《孝经》亦在禁书之列，但有人冒着生命危险将其收藏。汉惠帝四年（前191）废除禁止挟书的律令，儒生于是重又在民间传授儒家经籍。据说，河间（今河北献县东南）人颜芝收藏的《孝经》，由其子颜贞传出，共十八章。河间献王刘德将此书献于朝廷，遂为学者用以授业。为了传授方便，学者将该《孝经》用当时通行的隶书体书写，后人称之为《今文孝经》。汉文帝倡导儒学，设置供顾问的博士七十余人，就包括《论语》、《孝经》、《尔雅》、《孟子》博士。汉武帝又诏令谒者陈农访求天下遗书，经学得到更大的发展。当时以传授《今文孝经》名家的，有长孙氏、博士江翁、少府后仓、谏议大夫翼奉、安昌侯张禹等人。

汉景帝的儿子刘余分封于鲁，称鲁恭王。他为了扩大其宫室，而拆毁了孔子故宅，在一堵旧墙中发现了一批古竹简书，据说包括《尚书》、《左传》、《论语》、《孝经》、逸《礼》等，大概是秦焚书时孔家人藏起来的。鲁恭王将这批古书送还孔家。孔家一位懂得先秦文字的学者、侍中孔安国对这些竹简书进行了整理研究，发现此《孝经》与通行的《今文孝经》不完全相同，总共有二十二章。除了将今文的两个章节分为五个章节以外，还多出了《闺门章》一章。由于该《孝经》是用先秦籀文写成的，故而后来称之为《古文孝经》。据说孔安国为该书作了传注。桓谭《新论》说："《古孝经》千八百七十二字，今异者四百余字。"但东汉人对《古文孝经》的传出还有另一种说法，许冲《献父〈说文解字〉上皇帝书》言："（许）慎又学《孝经》孔氏古文说。《古文孝经》者，孝昭帝时，鲁国三老所献，建武时给事中、议郎卫宏所校。皆口传，官无其说，谨撰具一篇并上。"其实，这二者并不矛盾。据传为孔安国所作的《古文孝经序》（疑为东汉人所托）就将二者统一了起来。该序言："鲁共王使人坏夫子讲堂，于壁中石函得《古文孝经》二十二章，载在竹牒，其长尺有二寸，字科斗

形。鲁三老孔子惠抱诣京师，献之天子。天子使金马门待诏学士
与博士群儒，从隶字写之，还子惠一通，以一通赐所幸侍中霍光。
光甚好之，言为口实。时王公贵人咸神秘焉，比于禁方。天下竞
欲求学，莫能得者。"由于当时《今文孝经》已列为官学，研习
者有利可图，故而他们反对将诸古文列入官学。《古文孝经》始
终深藏中秘，而未得流传。

西汉成帝时，宗室刘向奉命主持整理中秘藏书。他以《今文
孝经》为主本，用《古文孝经》对其进行了整理删定，定为十八
章，而通行于世。刘向之子刘歆所撰《七略》，专门在"六艺略"
中列"孝经"一类[14]。收入《孝经古孔氏》一篇，二十二章，
即相传为孔安国作注的《古文孝经》。又收入《孝经》一篇，十
八章，有长孙氏、江氏、后氏、翼氏四家，这是《今文孝经》。
经刘向整理的《今文孝经》有郑众、马融的注，据传还有东汉大
经学家郑玄的注。但从今传所谓郑序看，更可能是郑玄之孙郑小
同所作。当时今古文《孝经》的差别，只在于分章的多少，个别
文字的差异，以及讲说的不同。这就是西汉今、古文《孝经》源
流的大概情况。

魏晋南北朝时，今古文《孝经》并行于世。曹魏郑称、王
肃，孙吴韦昭，晋殷仲文、谢万，南齐永明诸王、刘瓛等人皆为
之作注。梁武帝更是大倡《孝经》，他将孔注古文和郑注今文
《孝经》都立于国学，且亲自作《孝经义疏》十八卷。同时，萧
子显、严植之、皇侃、周弘正等也各自为《孝经》作注。梁简文
帝即位，出现侯景之乱。萧绎在江陵即位，即后称为梁元帝者。
他平定侯景之乱，将建康（今南京）的藏书都运至江陵，总数达十
四万卷。554 年，西魏军队围攻江陵。在城将陷落时，梁元帝将
所有图书全部焚毁。据说，《古文孝经》自此失传。

隋朝建立后，大力搜求古籍，弘扬学术。开皇十四年（594），
秘书学士王孝逸在京师（今陕西西安）街市上从"陈人"手里买到

一册《古文孝经》，送给了著作郎王劭。王劭将该书交给经学大家刘炫进行校定。刘炫于是作《孝经述议》五卷，且作序，说明该书的来龙去脉，并以之对学生进行讲授。隋文帝下诏将刘炫校定的《古文孝经》与郑氏注的《今文孝经》都著于官籍，颁行天下。但当时的学者纷纷传说该《古文孝经》为刘炫伪撰，而不是孔氏的旧本。所以《隋书·经籍志》在著录该书时，注明"今疑非古本"。隋时，陆德明作《经典释文》，其《孝经音义》即据《今文孝经》[15]。

　　《孝经》在唐代极为盛行。贞观间，魏徵主持编订的《群书治要》收有《今文孝经》十七章及郑氏注，缺第十八章。开元七年(719)，唐玄宗诏令群儒讨论《孝经》今古文的优劣。左庶子刘知幾力主《古文孝经》孔传，上书玄宗，以十二条理由论所谓《孝经》郑注并非郑玄所注，因而请求废郑行孔。而国子祭酒司马贞力主今文，言《今文孝经》郑注流传有绪，而《古文孝经》本已佚失，今传者为近儒伪作，"非宣尼正说"，尤以《闺门章》一章为鄙俗。唐玄宗听从司马贞等人所议，去《闺门章》，以十八章本《今文孝经》为定本，于开元十年(722)和天宝二载(743)两次亲自对其进行注释，且撰成《孝经制旨》一卷。天宝四载，玄宗亲自以八分书写《孝经》，由太子亨撰额，刊勒《御制孝经注》于四面宽九尺高五尺的石板上，连成一圈，上有大亭，下为石台，通高二丈，立于京师国学[16]。人称为《石台孝经》，以供学子对勘抄正。自此以后，《今文孝经》凭借着唐玄宗的提倡，广为流传。《古文孝经》逐渐不为人所重。

　　唐玄宗《御注孝经》，当时就诏令元行冲为之作《疏》。此本在敦煌遗书伯3274号有存，见《敦煌古籍叙录新编》经部四。北宋咸平间，邢昺受诏以唐玄宗所定《孝经》正文及注为基础，据元行冲《疏》，撰成《孝经注疏》三卷，这就是收于《十三经注疏》中的《孝经注疏》。据说，《古文孝经》孔注在五代时已经亡

佚，南宋晁公武《郡斋读书志》言："（《古文孝经》）独有孔安国
注，今亡。"北宋至和元年（1054），司马光见秘阁所藏《古文孝
经》有经无传，遂作《古文孝经指解》献于仁宗。不久，范祖禹
又进《古文孝经说》。自此以后，不少学者据司马光之说，驳今
文而尚古文，成为学界一大公案。南宋朱熹认为《孝经》非孔子
所作，于淳熙十三年（1186）作《孝经刊误》，挽合今古文，以今
文前六章、古文前七章合为经一章，以其他部分并为传十四章，
删改经文二百二十三字，从而开删改《孝经》之端。人称其为
《孝经》学之宋学。其后之讲学者，颇以朱氏之本为据。元明清
三代，更有不少学者遵从朱熹的路子，或主古文，或主今文，率
以己意对《孝经》正文及诸家疏传进行删削补缀。如元吴澄《孝
经定本》、董鼎《孝经大义》、明江元祚《孝经汇注》、清周春
《中文孝经》皆是。清毛奇龄撰《孝经问》一卷，设答门人张燧
问，从十个方面批驳朱熹《孝经刊误》和吴澄《孝经定本》，论
《孝经》非伪书，刘炫无伪造《孝经》事，朱、吴二氏删经之弊
等。《四库全书提要》卷三十二该书提要，论汉宋之学云："汉儒
说经以师传，师所不言，则一字不敢更。宋儒说经以理断，理有
可据，则六经亦可改。然守师传者，其弊不过失之拘。凭理断者，
其弊或至于横决而不可制。王、柏诸人点窜《尚书》，删削《二
南》，悍然欲出孔子上，其所由来者渐矣。奇龄此书，负气叫嚣，
诚不免失之过当。而意主谨守旧文，不欲启变乱古经之习，其持
论则不能谓之不正也。"

　　清朝建立，统治者属意于以孝道来平息汉族的反抗。顺治皇
帝亲自用石台本，对《今文孝经》进行注释，称《御注孝经》一
卷。康熙皇帝又诏令臣工，仿《大学衍义》体例，成《钦定孝经
衍义》一百卷，镂板颁行[17]。雍正皇帝又诏令儒臣比照诸家
《孝经》注传，"精为简汰，刊其糟粕，存其菁华"，于雍正五年
（1727）编成集注，称《御纂孝经集注》。

历代为《孝经》今、古文二者之优劣争论不休，不知费了多少笔墨和口舌。平心而论，二者仅有分章和个别用字的不同，以及古文多《闺门章》一章二十二字，思想和宗旨并无差别，不必骤分门户，势如水火。宋人黄震《黄氏日钞》论道："按，《孝经》一耳，古文、今文特所传微有不同。如首章今文云：'仲尼居，曾子侍。'古文则云：'仲尼闲居，曾子侍坐。'今文云：'子曰，先王有至德要道。'古文则云：'子曰，参，先王有至德要道。'今文云：'夫孝，德之本也，教之所由生也。'古文则云：'夫孝，德之本，教之所由生。'文之或增或减，不过如此，于大义固无不同。至于分章之多寡，今文《三才章》，'其政不严而治'，与'先王见教之可以化民'通为一章。古文则分为二章。今文《圣治章第九》，'其所因者，本也'，与'父子之道，天性'通为一章。古文亦分为二章。'不爱其亲，而爱他人者'，古文又分为一章。章句之分合，率不过如此，于大义亦无不同。古文又云：'闺门之内，具礼矣乎！严父严兄。妻子臣妾，犹百姓徒役也。'此二十二字，今文全无之，而古文自为一章，与前之分章者三，共增为二十二。所异者亦不过如此。非今文与古文各为一书也。"其说颇为平允。

在隋唐以前，《古文孝经》孔氏注和《今文孝经》郑氏注角力争先，各有所宗。孔注于梁末失传。郑注自唐玄宗以后，亦渐危殆，至五代亦在中土失传。据说，周显德（954—960）中，新罗献《别序孝经》，即为郑氏注。而《崇文总目》又言，北宋咸平中，日本国僧奝然献郑注《孝经》。乾道中，熊克子复从袁枢处得郑氏注，刻于京口[18]。熊刻本郑注，后亦遗佚。清朝乾隆间，歙县鲍廷博委托其友汪翼沧乘海舶到日本时，代为搜寻，汪氏终于在长崎购得日本人太宰纯刊于享保十七年（1732）的《古文孝经孔注》一部，鲍氏于乾隆四十一年（1776）将其影刻于其《知不足斋丛书》中。太宰纯之《序》言："夫古书之亡于中夏而存于我

日本者颇多。"且断言:"孔传者,安国所作,无疑也。"嘉庆年
间,乌程郑氏又从日本得刊本魏徵《群书治要》,其中的《孝经》
十七章,有郑氏注。嘉庆六年(1801),鲍廷博又得到日本人冈田
挺之于宽政癸丑(1793)所刊《孝经郑注》,据冈田挺之《尾识》
言,他是以《群书治要》本《孝经》为主,补以注疏本而成是
书。鲍氏将该书又在《知不足斋丛书》中刊布。至此,失传已久
的孔、郑二注,皆重又在中国学人前露面。《四库全书提要》首
先否定日本《古文孝经》孔注本为真本,继而臧庸认为日本郑注
本非真郑注,而自据诸古籍辑成《孝经郑氏解》一卷。现在看
来,不仅日本之孔传为真古本,日本郑注本亦基本保存了古本郑
注之要貌,是可以信赖的。后来,在日本陆续发现《古文孝经》
的多个抄本,敦煌遗书中亦有郑氏注本及其序文,现在已经可以
恢复隋唐时代通行之《孝经》郑注本的原貌了。我们研究《孝
经》,还是要参考孔氏、郑氏等古注,否则岂不是在重蹈前人
"春秋三传束高阁,独抱遗经究终始"的覆辙了?

四、《孝经》和孝道在历史上的影响与
在当代精神文明建设中的作用

汉代纬书《孝经钩命决》言:"孔子曰:吾志在《春秋》,行
在《孝经》。"[19]意思是,孔子的政治理论寄托在《春秋》之中,
孔子的实践方法著明在《孝经》之中。《孝经》论说人们要行孝
道、如何行孝道,并鼓吹统治者以孝道治天下,将道德、伦理和
政治社会糅为一体,适应了古代立国之本的农业经济和以宗法家
族为基础的社会结构的需要,因而受到历代统治者的尊崇和提倡。
孝道成为其教化的根本和治国的基本方略。

还在秦朝时,其《法律答问》中就规定:"免老告人以为不

孝，谒杀，当三环之不？不当环，亟执勿失。"[20]意思是对不孝的子弟，不必经过三次原宥的手续，就直接判以死刑。汉高祖在称帝后，马上高举孝道的旗帜，尊称其父为"太上皇"，且下诏言："人之至亲，莫亲于父子。故父有天下传归于子，子有天下尊归于父，此人道之极也。"[21]汉惠帝于四年(前191)下诏，免除那些"孝弟力田者"的徭役。自惠帝始，汉代诸帝的谥号中都有一"孝"字，称孝惠帝、孝武帝等。颜师古解释说："孝子善述父之志，故汉家之谥，自惠帝已下，皆称孝也。"原来，汉代皇帝谥号用孝字，是表明其坚持继承和执行了乃父的事业和意志。文帝开始设置《孝经》博士，给研究《孝经》有成绩者以优厚的俸禄，给孝悌者赐予布帛，让他们在民间作为倡导孝行的榜样。汉武帝独尊儒术，更以"旅耆老，复孝敬，举孝廉"作为其提倡和贯彻孝道的具体措施，并将《孝经》作为对太子、诸王进行教育的主要教科书，形成制度。这就是后来荀爽总结的，"汉制，使天下皆诵《孝经》，选吏则举孝廉，以孝为务也"[22]。宣帝时，下令郡国分别荐举孝弟、有行义者，任以官职。平帝元始三年(3)立学官，规定"郡国曰学，县、道、邑、侯国曰校。校、学置经师一人。乡曰庠，聚曰序。序、庠置《孝经》师一人"[23]。《孝经》成为官定的学校教本，迅速传播开来。两年后，征召天下有学问者及以《五经》、《论语》、《孝经》、《尔雅》教授者到京师，总计竟达数千人之多。东汉光武帝下诏命令期门羽林以上的武官和功臣子孙，"悉通《孝经》章句"。又将举孝廉作为通常补充官吏的主要途径，甚至直接以孝廉担任尚书郎、郡守、国相等要职。东汉诸帝要求天下人都讲诵《孝经》，以《孝经》师主持监试，经常褒奖孝行卓著者，以孝道作为王朝的国策。

魏晋南北朝时，各王朝都将《孝经》立于学官，而广加传播。曹魏和孙吴都鼓励诸儒注述《孝经》，出现了王肃、韦昭两种优秀的注本。南朝的好几位帝王亲自注释和宣讲《孝经》，太子、诸王乃至群臣亦时时集会讨论《孝经》。梁武帝还创设《孝经》事务的专门官职——置制《孝经》助教。为了普及《孝经》和孝的伦理，学者编出了《孝经图》、《大农孝经》、《正顺孝经》、《女孝经》等书。《孝经》之学成为显学。北朝《孝经》也得到广泛传播。北魏孝文帝下诏，要求侯伏侯可悉陵将《孝经》译成鲜卑语，以便对贵族子弟进行教育。宣武帝和孝明帝都曾亲自主讲《孝经》。民众纷纷以行孝为荣，成为一种风气。晋李密的《陈情表》，就是他为了孝养祖母，而拒绝朝廷征召的表文。此时，尤为注重对孝道卓著者的表彰。《晋书》、《宋书》、《南齐书》、《梁书》、《陈书》、《魏书》、《南史》、《北史》都辟有专门的《孝义传》、《孝友传》等，记载那些"奉生尽养，送终尽哀，或泣血三年，绝浆七日，思《蓼莪》之慕切，追顾复之恩深；或德感乾坤，诚贯幽显"孝子的事迹[24]。

隋文帝建国伊始，就接受纳言苏威的意见，"唯读《孝经》一卷，足可立身治国"[25]，将《孝经》立于国学，颁行天下，要求官民诵读。炀帝也下诏言："孝悌有闻，人伦之本；德行敦厚，立身之其。"[26]

唐代从高祖李渊起，就卖力地提倡《孝经》，宣扬孝道。高祖下诏称："民禀五常，仁义斯重；士有百行，孝敬为先。"[27]唐太宗亲自到太学听经师孔颖达讲《孝经》。高宗下令，以《道德经》和《孝经》为上经，作为贡举者的必修之课。唐玄宗两次注释《孝经》，亲书刊石，且于天宝三年下诏，令"天下家藏《孝经》，精勤教习。学校之中，倍加传授。州县官长，申劝课焉"。唐代科举考试中设童子科，规定十岁以下，能通一经及《孝经》、《论语》，每卷诵文十通者与官，通七经者与出身。自此以后，《孝经》更加广为流传，民间纷纷传抄诵读。连当时僻居西陲的敦煌，学子也大量抄录该书。在敦煌遗书中，我们就捡出26个编号的《孝经》卷子。

宋代自称为"教化有足观者"。宋太祖在征战倥偬之中，还不忘召见太原孝子刘孝忠，予以慰谕。宋太宗曾以草书两次书写《孝经》。淳化三年(992)，他见淳化阁碑有其所书《千字文》，就说："《千字文》非垂世立教之言。《孝经》百行之本，朕当躬书勒之碑阴。"遂赐所书《孝经》刻于淳化秘阁碑阴[28]。宋真宗亲自作《孝经诗》三章，与群臣唱和。宋仁宗召集辅臣到崇政殿观讲《孝经》。南宋高宗亲书《孝经》赐给大臣，刻于金石，颁于大卜州学。当时，有的孝子为父母报仇而杀人，朝廷竟"壮而释之"；有的子女愚蠢地割股挖肝掏眼为父母"治病"，竟"咸见褒赏"；有的家族数百千余口人同居，朝廷为之免去徭赋[29]。为表现其孝心，人们已无所不用其极。

辽、金、西夏、元等民族政权的统治者，也无不以提倡孝道作为其治国之本。西夏帝元昊以亲自创制的西夏文字翻译汉文《孝经》，供国人阅读。金朝有以女真文翻译的《国语孝经》，国学刊刻唐玄宗注《孝经》，颁发各级学校。金章宗言："孝义之人，素行已备，虽有希觊犹不失为行善。"[30]认为不必计较孝子的品行缺陷。元世祖颁定国子学学制，规定"凡读书，必先《孝经》、《论语》、《孟子》……"[31]。元成宗大德十一年(1307)中书右丞相孛罗铁木儿译成《蒙古字孝经》，进献，受到褒奖。据传为郭守敬之弟郭守正所编的《二十四孝》一书，选取自虞舜至宋朱寿昌等二十四人的孝行事迹为书，流传甚广。

《孝经》在明代受到更大的重视。明太祖称《孝经》是"孔子明帝王治天下之大经大法，以垂万世"，下诏各地荐举孝弟力田之士，令府州县正官以礼遣送孝廉士至京师，但严格禁止"割股卧冰"等有伤身体的行为。明朝各皇帝几乎每年都旌奖孝义之家。清朝统治者更是不遗余力地倡导孝行，推崇《孝经》。清世祖、圣祖和世宗皆亲自注释《孝经》。清朝规定书院"读书之法，经为主，史副之。四书本经、《孝经》，此童而习之者"[32]。清初科举乡试和会试都有朝考疏，其内容为诏、诰、表、判与《孝经》、性理论等。其经解一门，亦以《易》、《诗》、《书》、《孝经》等十三经为题。国子监之书籍有康熙帝钦定《孝经衍义》，又有雍正帝《御纂孝经》书版，随时刷印供教学之用。对地方上发现的孝子，清帝或为之立孝子坊，或诏令入祀忠孝祠，或将其事迹载入史志。

孝道和《孝经》在中国历史上的影响已如上所述。一方面，它是统治者欺骗民众的精神枷锁，用以巩固其统治的政治工具；另一方面，它以尊老敬老为核心，以稳定家庭和社会为目标，经过两千多年的提倡和传播，已经沉淀为我们民族道德观念和文化心理的重要内容。在建设现代物质文明的今天，精神文明的建设已经摆到了极为重要的位置。那么，我们应该如何看待《孝经》及其所提倡的孝道呢？

毋庸讳言，多年来，国人的道德水准有所下降，不孝父母，不敬老人的事也时有所闻。有人将道德下降的责任归咎于改革开放后西方文化的影响。但是如果看到所谓儒家文化圈的一些国家和地区，其经济虽很发达，文化也很开放，可家庭中尊老敬亲之风并未削弱，则前说就很难站住脚。看来，当今国人道德下降的根本原因，是十年浩劫对传统道德的一概否定，和这一时期造成的一代人文化素质的低下。这一教训反过来告诫我们，建设新道德，不能脱离民族传统道德的土壤。因为，传统的伦理道德，有不少是反映人类社会发展中一般和共同要求的东西。这些内容，在扬弃了其中的历史糟粕以后，就可以成为我们建设精神文明的重要组成部分。从主流看，孝道是我们民族的传统美德之一，其中有许多值得发扬的东西。当然对其也不可一概肯定，而应该有分析、有批判地予以发扬或摒弃。

物质生活的现代化，呼唤着新型伦理道德的建设，传统孝道的继承和创新是其重要环节。让我们取其精华，去其糟粕，使

《孝经》和孝道在传统伦理道德向现代道德规范的转变中发挥其应有的作用。

汪受宽

【注释】

〔1〕《吕氏春秋·孝行览》。

〔2〕《孝经》。

〔3〕《墨子·经上》。

〔4〕《墨子·兼爱下》。

〔5〕《韩非子·忠孝》。

〔6〕《史记·老子韩非列传》。

〔7〕《史记·司马相如列传》。

〔8〕《吕氏春秋·序意》言："维秦八年，岁在涒滩，秋甲子朔。"学者每据之以为该书撰成于秦王政八年。然而秦王政八年干支为壬戌，而涒滩为申，二者不合。清孙星衍考订"八"为"六"之误，定该书撰于秦王政六年。今据是说。

〔9〕《史记·孔子世家》。

〔10〕《左传》宣公三年。

〔11〕《史记·仲尼弟子列传》。

〔12〕《孔丛子》一书，世称为伪作。西北大学黄怀信同志发表文章，提出今本二十三篇的最终编定在东汉桓、灵之际。其师李学勤先生在《小尔雅校注序》中指出，"无论如何，《孔丛子》是孔子后裔的言行、作品的汇集。"

〔13〕阮元：《曾子十篇叙录》。

〔14〕《七略》后遗失，其大体情形，见班固《汉书·艺文志》。

〔15〕《经典释文自序》言："癸卯之岁，承乏上庠，因撰集五典、《孝经》、《论语》及《老》、《庄》、《尔雅》等音"云云。学者多据此言该书撰于唐贞观十七年（643）。按本传言陆德明在陈太建（569～582）时年已弱冠，若贞观十七年陆仍活着亦已九十岁上下，似不可能在如此高龄仍作此大著述。余嘉锡《四库提要辨证》经部二，据钱大昕、臧镛堂所考，定癸卯为陈至德元年（583）。589年隋灭陈，陆氏入隋，此书当才最后完成。

〔16〕此石今尚存于西安碑林之中。

〔17〕《养吉斋丛录》卷二十。

〔18〕上说皆见《直斋书录解题》卷三。

〔19〕据邢昺《孝经序疏》所引。

〔20〕见《睡虎地秦墓竹简》，文物出版社1978年版，页195。

〔21〕《汉书·高帝纪下》六年冬十月。

〔22〕《艺文类聚》卷四十礼部下谥。

〔23〕《汉书·平帝纪》元始三年夏。

〔24〕《陈书·孝行传序》。

〔25〕《隋书·儒林何妥传》。

〔26〕《隋书·炀帝纪上》大业三年夏四月。

〔27〕《全唐文》卷一，李渊《旌表孝友诏》。

〔28〕《玉海》卷三十三《御书》。

〔29〕《宋史·孝义传》。

〔30〕《金史·孝友传序》。

〔31〕《元史·选举志一》。

〔32〕鄂尔泰：《征滇士入书院敕》。

目　录

译注说明

一、《孝经》一书有今文、古文之别，今文、古文又各有诸多不同的版本。本注译正文，采用《十三经注疏》刊清阮元所校唐玄宗"御注"的《今文孝经》十八章本。全书正文 1 799 字，章题 60 字，章序 44 字，总共 1 903 字。宋人郑耕老言，"孝经一千九百三字"。欧阳修《读书法》同。则今本与宋本字数全同。

二、为方便阅读，注译者将正文略加分节。

三、关于《孝经》的书名、作者、版本、注疏、流传与影响等情况，见本书前言。

四、原书中的异体字，一般皆改为规范字。仅有极个别必要的异体字予以保留。

五、题解系对该章题及有关问题作简要说明，以助读者理解。

六、《孝经》一书篇幅小且较为通俗，但因其蕴涵义理丰富，故历代注释极多，而分歧意见亦时有所见。本注释以通俗普及为宗旨，又要尽可能揭示其真谛，故而必要时进行了一些学术考辨。注释以郑玄注、唐玄宗注、邢昺《正义》为主，兼采诸家注说，个别歧见较大者，则加以考辨，略申己意。

七、古人称《孝经》为五经总汇，意为其内容概括了五经的精华。考虑到这一点，注释在以通俗语言释文释句和疏通大义的同时，亦杂引诸说，及先秦两汉学者议论，尤其是道德文化的论说和规范，以扩展其文化内涵，为研究者提供必要的参照材料，增加一般读者的有关文化知识。

八、译文以直译为主，辅以意译，力求通俗、流畅、准确、明白易晓，以便读者从中推寻原文字义。但《孝经》言简意赅，

为充分揭示其丰富的内涵，译文在必要时添加一些词语，以畅
其意。

　　九、为便于读者更多地理解《孝经》宗旨及其流绪，本书特
设附录。其内容大体有二：其一为《知不足斋丛书》本《古文孝
经》二十二章，并将其与今文本加以校雠，以使读者明了今、古
文本之文字差异。其二为历代重要序跋。各序跋按其形成年代的
先后排列。

开宗明义章第一

【题解】

    章字从音从十,意为从一到十,十是数字的结束,章的本义是乐奏完毕,后来引申为篇籍的单位名称。今文《孝经》原分为十八章,据宋邢昺《孝经注疏》(以下简称《疏》)言,《孝经》旧无章名,南朝梁皇侃始定天子至庶人五章之名,标于各章正文之前。后来唐玄宗注《孝经》,集儒官反复讨论,又定其余各章之名,并标明各章次第。

    本章题为"开宗明义",开,是开张,揭示的意思;宗,是根本,宗旨的意思;明,是明显,显示的意思;义,是义理的意思。即在《孝经》的一开始就揭示和讲清孝的宗旨和根本,以明确其义。本章主要阐述了孝道的内容及以孝治理社会的意义。指出孝道是道德的根本,一切教化都从孝道中来,孝的主要内涵开始于侍奉尊亲,中间是侍奉君主,即为国效劳,最终是以好的名声自立于天地人世之间。

    仲尼居[1],曾子侍[2]。

    子曰[3]:"先王有至德要道[4],以顺天下[5],民用和睦[6],上下无怨[7]。汝知之乎[8]?"

    曾子避席曰[9]:"参不敏[10],何足以知之[11]?"

    子曰:"夫孝[12],德之本也[13],教之所由生也[14]。复坐[15],吾语汝!身体发肤[16],受之父母[17],不敢毁伤[18],孝之始也[19]。立身行道[20],扬名于后世[21],以显父母[22],孝之终也[23]。夫孝,始于事亲[24],中于事君[25],终于立身[26]。

"《大雅》云〔27〕：'无念尔祖〔28〕，聿修厥德。'〔29〕"

【注释】

〔1〕仲尼居：仲尼，孔子的字。据说，因孔子出生后，头顶中部凹下，四边凸起，犹如曲阜附近尼丘山的形状，又因其排行老二，古以行二者称仲，故而以仲尼为字，丘为名。古代对人不称其名而称其字，以示敬重。孔子（前551—前479），春秋后期鲁国陬邑（今山东曲阜东南）人，中国古代著名的政治家、思想家、教育家，儒家学派的创始人。他总结三代以来思想文化的精髓，提出以仁为核心的学说，仁即爱人。他认为，孝悌是仁的根本，礼是仁的规范，人们应该克制自己的欲望，去服从礼的要求，提倡为了实现仁的最高道德境界而甘于献身。他提出，仁的思想推行于政治上，就是要行德治、礼治。整顿政治的方法是正名。治理社会的具体办法是庶、富、教，就是增殖人口，使人们富裕，然后施以教化。他反对苛刻的政治，认为能做到财富平均，就可使百姓安定。他一生奔波于各诸侯国，都未能实施自己的政治主张。他教育子弟，并整理了《诗》、《书》、《易》、《礼》、《春秋》、《乐》等典籍，在中国文化思想史和教育史上有极高的地位。居，闲居，无事闲坐在室。

〔2〕曾子侍：曾子（前505—前436），名参，字子舆，曾子为对其敬称，孔子弟子中的七十二贤人之一，又是著名的孝子，鲁国南武城（今山东枣庄附近）人。前人说，孔子认为他能通孝道，所以专门向他讲授孝。曾参被后代尊为"宗圣"。其著作，据传有《大学》和《曾子》等。侍，卑者侍奉在尊者之侧。侍有坐有立，此处当为侍坐在侧。《疏》中说："夫子以六经设教，随事表名，虽道由孝生，而孝纲未举，将欲开明其道，垂之来裔。以曾参之孝，先有重名，乃假因闲居，为之陈说。自标己字，称仲尼居，呼参为子，称曾子侍，建此两句，以起师资问答之体，似若别有承受而记录之。"

〔3〕子曰："子"本为古代男子的通用美称。后来，孔子的门生弟子尊称孔子为"子"或"夫子"，孔子的言论亦专门以"子曰"引出。《疏》云："《正义》云，子者，孔子自谓。案《公羊传》云：子者，男子通称也。古者谓师为子，故夫子以子自称。曰者，辞也。"此所言"孔子自谓"说，乃为服从其孔子作《孝经》说。

〔4〕先王：指古代的圣德之王，如夏禹、商汤、周文王、周武王。《经典释文》言："郑玄云，禹，三王最先者。案五帝官天下，三王禹

始传于子，于殷配天，故为孝教之始。王谓文王。" 至德：最美好、最高尚的德行，即指下文之孝行。 要道：最重要的事物当然之理，指孝道为一切道德中能以一统万的最根本的道德。《吕氏春秋·孝行览》言："凡为天下治国家，必务本而后末。所谓本者，非耕耘种植之谓，务其人也。务其人，非贫而富之，寡而众之，务其本也。务本莫贵于孝。夫孝，三皇五帝之本务，而万事之纪也。夫执一术，而百善至，百邪去，而天下从者，其惟孝也。"

〔5〕顺：顺从，使动用法，言使天下人心顺服。汉陆贾《新语·慎微》言："孔子曰：'有至德要道，以顺天下。'言德行而其下顺之矣。"阮福《孝经义疏补》卷一言："家大人《研经室集》释'顺'，云：孔子生于春秋时，志在《孝经》，其称至德要道之于天下也，不曰治天下，不曰平天下，但曰顺天下，顺之时义大矣哉，何后人置之不讲也？《孝经》'顺'字凡十见……是以卿大夫士，本孝弟忠敬，以立身处世，故能保其禄位，守其宗庙，反是则犯上作乱，身亡祀绝，《春秋》之权，所以制天下者，顺逆间耳。此非但孔子之恒言也，列国贤卿大夫，莫不以顺字为至德要道，是以《春秋》三传、《国语》之称顺字者最多，皆孔子《孝经》之义也。" 天下：指全社会之人。《孟子·离娄上》言："得天下有道，得其民，斯得天下矣。得其民有道，得其心，斯得民矣。得其心有道，所欲与之聚之，所恶勿施尔也。"全句意为用孝道以便使天下人心顺从。

〔6〕用：因而，由此。 和睦：和，协调，融洽；睦，相亲。

〔7〕上下：指各种人之间。古代为等级社会，人与人之间有上下尊卑的等级区分。《左传·昭公七年》言："天有十日，人有十等，下所以事上，上所以共神也。故王臣公，公臣大夫，大夫臣士，士臣皂，皂臣舆，舆臣隶，隶臣僚，僚臣仆，仆臣台，马有圉，牛有牧，以待百事。"《群书治要》郑注言："至德以教之，要道以化之，是以民用和睦，上下无怨。"唐玄宗注云："孝者，德之至道之要也。言先代圣德之主，能顺天下人心，行此至要之化，则上下臣人，和睦无怨。"《疏》言："言先代圣帝明王，皆行至美之德，要约之道，以顺天下人心，而教化之。天下之人，被服其教，用此之故，并自相和睦，上下尊卑，无相怨者。"《孝经义疏补》言："家大人云'民用和睦，上下无怨'二句，虽是言天下古今之孝道，但孔子之意，实从周公严父配天，四方民大和会而起。"

〔8〕汝：此处指曾参。

〔9〕避席：离席而立。先秦无凳子椅子，人们都铺席于地而坐席上。曾参本侍坐于侧，因孔子问话，曾参为表示对先生的恭敬，而起身离开

坐席，站立回答。

〔10〕不敏：敏，聪明，睿达，有智慧。不敏，为曾参自谦之词，犹言愚蠢，鲁钝。

〔11〕何足以知之：足，够得上，配得上。此处为曾参自谦之词。《疏》言："又假言，参闻夫子之说，乃避所居之席，起而对曰：'参性不聪敏，何足以知先王之至德要道之言义？'"

〔12〕夫：发语词。

〔13〕德之本：本，根本。《群书治要》郑注言："人之行，莫大于孝，故曰德之本也。"《疏》言："此依郑注，引其圣治章文也。言孝行最大，故为德之本也。德则至德也。"《论语·学而》言："君子务本，本立而道生。孝悌也者，其为仁之本与！"《孟子·万章上》言："孝为百行之本，无物以先之，虽富夷天下，而不能取悦于其父母，莫有可也。孝道明著，则六合归仁矣。"《疏》云："《正义》曰，云孝者，德之至道之要也。依王肃义，德以孝而至，道以孝而要，是道德不离于孝。殷仲文曰，穷理之至，以一管众为要。"

〔14〕教之所由生：教，指教化，古代统治者用以引导和感化民众，以维持社会秩序及其统治的方法。《周礼·地官·大司徒之职》言教化的方法和内容有十二个方面："施十有二教焉。一曰以祀礼教敬，则民不苟；二曰以阳礼教让，则民不争；三曰以阴礼教亲，则民不怨；四曰以乐礼教和，则民不乖；五曰以仪辨等，则民不越；六曰以俗教安，则民不偷；七曰以刑教中，则民不虣（bào 报，暴虐）；八曰以誓教恤，则民不怠；九曰以度教节，则民知足；十曰以世事教能，则民不失职；十有一曰以贤制爵，则民慎德；十有二曰以庸制禄，则民兴功。"《群书治要》郑注言："教人亲爱，莫善于孝，故言教之所由生。"唐玄宗注言："言教从孝而生。"《疏》言："《正义》曰，此依韦注也。案《礼记·祭义》称，曾子云，众之本教曰孝。《尚书》'敬敷五教'，解者谓，教父以义，教母以慈，教兄以友，教弟以恭，教子以孝。举此，则其余顺人之教，皆可知也。"全句意为，由于孝可以使人们相互亲爱，所以说，教化是从孝道中间产生的。

〔15〕复坐：复，重新。因曾参回答问话后仍然站立着，故让其重新坐下。《疏》言："既叙曾子不知，夫子又为释之曰：夫孝，德行之根本也。释先王有至德要道，元出于孝，孝为之本也。云教之所由生也者，此释以顺天下，民用和睦，上下无怨，谓王教由孝而生也。孝道深广，非立可终，故使复坐，吾语汝也。"

〔16〕身体发肤：身，头颈胸腹。体，四肢。发，身上的毛发。肤，

皮肤。指人的肉体及其一切附生之物。

〔17〕受之父母：受，接受。指子女的肉体是父母给予的。

〔18〕不敢毁伤：毁伤，破坏，亏损为毁，见血为伤。意为要爱惜身体，不要使其受到伤害和破坏。《礼记·哀公问》言：“君子无不敬也，敬身为大。身也者，亲之枝也，敢不敬与？不能敬其身，是伤其亲。伤其亲，是伤其本。伤其本，枝从而亡。三者，百姓之象也。身以及身，子以及子，妃以及妃，君行此三者，则忾乎天下矣。大王之道也如此，则国家顺矣。”《礼记·曲礼上》道：“为人子者，不登高，不临深，不苟訾，不苟笑。孝子不服暗，不登危，惧辱亲也。父母存，不许友以死。”《礼记·祭义》言：“乐正子曰：‘吾闻诸曾子，曾子闻诸夫子曰：天之所生，地之所养，无人为大。父母全而生之，子全而归之，可谓孝矣。不亏其体，不辱其身，可谓全矣。故君子顷步而弗敢忘孝也。壹举足而不敢忘父母，壹出言而不敢忘父母。壹举足而不敢忘父母，是故道而不径，舟而不游，不敢以先父母之遗体行殆。壹出言而不敢忘父母，是故恶言不出于口，忿言不返于身。不辱其身，不羞其亲，可谓孝矣。’”《大戴礼·曾子本孝》中说：“孝子不登高，不履危，庳亦弗凭，不苟笑，不苟訾，隐不命，临不指，故不在尤中也。孝子恶言死焉，流言止焉，美言兴焉，故恶言不出于口，烦言不及于己。故孝子之事亲也，居易以俟命，不兴险行以徼幸。”防止身体毁伤更要不受刑戮。古代的肉刑很多，如斩、磔、焚、醢、裂、宫、刖、膑、黥、劓、髡等。受任何一种刑罚，都是对父母的最大侮辱。曾参在临死前，要他的弟子们掀开被衾，看看他的手足有无损伤，然后欣慰地说：“而今而后，吾知免夫！”(《论语·泰伯》)就是指其终身未曾受过刑戮，可以以完整的肉体归见父母之灵了。

〔19〕孝之始也：始，开始，第一位的，首要的。指此为孝道最基本、最初的要求。唐玄宗注：“父母全而生之，己当全而归之，故不敢毁伤。”清臧茂才《经义杂记》“发肤不敢毁伤”条言：“《孝经》云：‘身体发肤，受之父母，不敢毁伤，孝之始也。’故落下之发当什袭藏之，与平生所剪手足蚤及齿牙聚一处，待盖棺之日，置之棺中。庶亦全受全归之道，未必非敬父母遗体之一端也，其余大节处，充类推之，自有所不能已。”已失之琐碎。

〔20〕立身行道：立，树立，成就。立身，树立自身于天地之间，指有崇高的道德修养，成就功名与事业。《易·说卦》言：“昔者，圣人之作《易》也，将以顺性命之理，是以立天之道曰阴与阳，立地之道曰柔与刚，立人之道曰仁与义。”所言“立人之道”，就是立身。行道，实行

天下的大道，包括独善己身和在任官时将其施行于天下。

〔21〕扬名：显扬名声，为他人所称道赞誉。古人对生前死后的名声十分重视。《论语·卫灵公》载："子曰：'君子疾没世而名不称焉。'"《史记·太史公自序》："太史公执迁手而泣曰：'……且夫孝始于事亲，中于事君，终于立身，扬名于后世，以显父母，此孝之大者。'"

〔22〕以显父母：显，光显，荣耀。用以荣耀父母的名声。儿子被社会和后人称道，使父母也感到和得到荣耀。《曾子·大孝》言："父母既没，慎行其身，不遗父母恶名，可谓能终也。"

〔23〕孝之终也：终，最后，终结。指孝道最后的、终极的或最高的要求。也有解释终为卒，即死而扬名后世。唐玄宗注："言能立身行此孝道，自然名扬后世，光显其亲。故行孝以不毁为先，扬名为后。"《疏》云："《正义》曰，云能言立身行此孝道者，谓人将立其身，先须行此孝道也。其行孝道之事，则下文'始于事亲，中于事君'是也。云自然名扬后世，光荣其亲者，皇侃云，若生能行孝，没而扬名，则身有德誉，乃能光荣其父母也。因引《祭义》曰，孝也者，国人称愿，然曰，幸哉，有子如此。又引《哀公问》称，孔子对曰：君子也者，人之成名也。百姓归之名，谓之君子之子，是使其亲为君子也。此则扬名荣亲也。云故行孝以不毁为先者，全其身为孝子之始。云扬名为后者，谓后行孝道，为孝之终也。夫不敢毁伤，阖棺乃止。立身行道，弱冠须明。经虽言其始终，此略示有先后，非谓不敢毁伤唯在于始，立身行道独在于终也。明不敢毁伤，立身行道，从始至末，两行无怠。此于次有先后，非于理有终始也。"指在死后，能给后代留下美名，从而使父母在天之灵也感到荣耀。

〔24〕始于事亲：始，开始，或言指孝道的初级阶段。事，奉事，侍奉，为某某服务。事亲即对父母行孝。

〔25〕中于事君：中，即中间，指人的青壮年时，或指孝道的中级阶段。君，指君主。事君，即为仕，做官。阮福《孝经义疏补》认为："中于事君，事君当忠也。故《曾子·本孝》篇，曾子曰：忠者，其孝之本与！《大戴礼·卫将军文子》篇，引孔子曰：孝，德之始也；弟，德之序也；信，德之厚也；忠，德之正也。参也，中夫四德者矣。此曾子受孔子中于事君之教，有忠孝之据也。"本句意为，人成年为仕，要在事奉君主时表现出自己崇高的德行。

〔26〕终于立身：终，最后，老年时，或言指孝道的终极阶段、最高要求。《疏》引郑注言："父母生之，是事亲为始；四十强而仕，是事君为中；七十致仕，是立身为终也者。"刘炫驳郑说言："若以始为在家，

终为致仕(指退休),则兆庶皆能有始,人君所以无终。若以年七十者始为孝终,不致仕者,皆为不立,则中寿之辈,尽曰不终。颜子之流,亦无所立也。"《疏》曰:"《正义》曰,夫为人子者,先能全身,而后能行其道也。夫行道者,谓先能事亲,而后能立其身。前言立身,未示其迹,其迹始者,在于内事其亲,中者在于出事其主,忠孝皆备,扬名荣亲,是终于立身也。"全句意为,孝子自幼年起侍奉父母以孝,成年后任官事君以忠,然后才能成就自己的名声,荣耀父母,实现修身立世的志向。

〔27〕《大雅》:下引诗句见《诗经·大雅·文王》。《诗经》从体裁上分为风、雅、颂。风,又称国风,为各地民歌。雅为贵族应酬之歌,又分大雅和小雅。颂为庙堂乐歌。《文王》为大雅中的一首诗歌。据说,因为文王能受天命而开始周王朝的创业,故而作此诗,以歌颂其事迹。

〔28〕无念:无,发声词,无义。《左传》文公二年杜预注言:"毋念,念也。"念,想念。 尔祖:尔,你。你的先祖。此处为对成王说他的祖先文王。

〔29〕聿(yù玉)修厥德:聿,发声词,无义。厥,代词,其,指文王。《疏》言:"夫子叙述立身行道扬名之义既毕,乃引《大雅·文王》之诗以结之,言:凡为人子孙者,常念尔之先祖,当述修其功德也。"意为要成王继承和发扬他的祖先文王的德行。

【译文】

孔子闲居时,他的学生曾参侍奉在侧。

孔子说:"古代的圣德帝王拥有最美好的德行,掌握最重要的事物之理,用来治理天下,以便使天下人心顺服,天下百姓因此互相协调亲睦,上下尊卑都和和气气而没有怨恨。你知道吗?"

曾参离席站起来,恭敬地回答道:"学生愚蠢而不够聪明敏达,怎么能明白这样至关深刻的道理呢?"

孔子说:"孝,是道德的根本,对百姓的一切教化都是从孝道中产生的。你还是坐下,我讲给你听!人的身躯、四肢、毛发和皮肤,都是父母给予的,作为孝子就千万不敢使其有所亏损、毁坏和伤害,这是孝道的起点。而修立自身的崇高道德,为平民时独善己身,为官时施惠于社会,留给后世一个非常好的名声,从而使父母在天之灵也得到彰显和荣耀,这是孝道的终结。孝的实行，从侍奉自己的父母开始；中年做官，在侍奉君主时以忠诚体现出自己具有的孝道；最终在于扬名显亲，实现修身立世的宏伟志向。《诗·大雅·文王》中说：'任何时候都要想着你的先祖，遵循他的榜样去修行你的功德。'"

天子章第二

【题解】

在《孝经》中，对不同等级的人的孝有不同的要求，有所谓天子之孝、诸侯之孝、卿大夫之孝、士之孝与庶人之孝，合称为"五孝"。本章及以下四章即分别论说五孝。

天子，是古代对一统天下君主的称呼。《礼记·曲礼下》云："君天下曰天子。"《礼记·表记》中说："惟天子受命于天，故曰天子。"《白虎通义·爵》言："天子者，爵称也。爵所以称天子者何？王者父天母地，为天之子也。"由于天子是天下最尊贵的人，天子的行为是诸侯、卿大夫和士庶的榜样，在社会上影响甚大。而天子又是王朝的首脑，天下最高权力的掌握者，他的德行，对王朝的兴衰、发展至关重要，所以首先在本章中论说天子的孝。本章提出，天子之孝为广博的爱敬，在爱敬自己父母的同时，还要爱敬天下的父母，更要对百姓施以道德教化，成为天下人的榜样。这些意见，对天子的行为提出了较高的要求。

子曰[1]："爱亲者[2]，不敢恶于人[3]；敬亲者[4]，不敢慢于人[5]。爱敬尽于事亲[6]，而德教加于百姓[7]，刑于四海[8]。盖天子之孝也[9]。

"《甫刑》云[10]：'一人有庆[11]，兆民赖之[12]'。"

【注释】

〔1〕子曰：本章承接上章之文，还是孔子对曾参的讲话。自此及以下四章，皆为孔子一次所讲的话。故正文不再出"子曰"。皇侃言："上陈天子极尊，下列庶人极卑，尊卑既异，恐嫌为孝之理有别，故以一'子曰'通冠五章，明尊卑贵贱有殊，而奉亲之道无二。"

〔2〕爱亲者：爱，热爱，博爱，广泛地热爱。郑注："博爱也。"

《疏》言："博，大也。言君爱亲，又施德教于人，使人皆爱其亲，不敢有恶其父母者，是博爱也。"《孟子·离娄上》载："孟子曰：'三代之得天下也，以仁。其失天下也，以不仁。国之所以废兴存亡者亦然。天子不仁，不保四海。诸侯不仁，不保社稷。卿大夫不仁，不保宗庙。士庶人不仁，不保四体。今恶死亡而乐不仁，是由恶醉而强酒。'"《礼记·哀公问》载："孔子对曰：'古之为政，爱人为大，所以治爱人。'"亲，父母。《礼记·祭义》言："子曰：立爱自亲始，教民睦也。立教自长始，教民顺也。教以慈睦，而民贵有亲，教以敬长，而民贵用命。孝以事亲，顺以听命，错诸天下，无所不行。"者，代词，此处指代人，约当现代汉语中的"的人"。本长句中的主语都是天子。言天子作为热爱自己父母的人。

〔3〕不敢恶（wù 误）于人：恶，厌恶，憎恨，不喜欢。意为天子作为热爱自己父母的人就要扩大去热爱天下的父母亲。《群书治要》郑注："爱其亲者，不敢恶于他人之亲。"

〔4〕敬：尊敬，恭敬，尊重。《疏》言："然爱之与敬，解者众多。袁宏云，亲至结心为爱，崇恪表迹为敬。刘炫云，爱恶俱在于心，敬慢并见于貌。爱者隐惜而结于内，敬者严肃而形于外。皇侃云，爱敬各有心迹，忞忞至惜，是为爱心，温清搔摩，是为爱迹，肃肃悚悚，是为敬心，拜伏擎跪，是为敬迹。旧说云，爱生于真，敬起自严。孝是真性，故先爱后敬也。旧问曰：'天子以爱敬为孝，及庶人以躬耕为孝，五者并相通否？'梁王答云：'天子既极爱敬，必须五等行之，然后乃成。庶人虽在躬耕，岂不爱敬，及不骄不溢已（以）下事邪？'以此言之，五等之孝，互相通也。"

〔5〕不敢慢于人：慢，轻侮，怠慢。此句言天子要广泛地敬重他人。《群书治要》郑注："己慢人之亲，人亦慢己之亲，故君子不为也。"《疏》言："《正义》曰，此陈天子之孝也。所谓爱亲者，是天子身行爱敬也。不敢恶于人，不敢慢于人者，是天子施化，使天下之人，皆行爱敬，不敢慢恶于其父母也。言天子岂惟因心内恕，克己复礼，自行爱敬而已？亦当设教施令，使天下之人，不慢恶于其父母。如此，则至德要道之教，加被天下，亦当使四海蛮夷，慕化而法则之。此盖是天子之行孝也。"

〔6〕尽于事亲：尽，竭尽。《群书治要》郑注："尽爱于母，尽敬于父。"即对母亲尽爱心，对父亲尽敬心。《礼记·祭义》言："先王之所以治天下者五：贵有德，贵贵，贵老，敬长，慈幼。此五者，先王之所以定天下也。贵有德，何为也？为其近于道也。贵贵，为其近于君也。

贵老，为其近于亲也。敬长，为其近于兄也。慈幼，为其近于子也。是故至孝近乎王，至弟近乎霸。至孝近乎王，虽天子必有父。至弟近乎霸，虽诸侯必有兄。先王之教，因而弗改，所以领天下国家也。"全句意为，天子竭尽爱敬去侍奉父母。

〔7〕德教加于百姓：德教，用道德进行教化。加，施行。百姓，本指贵族百官，此处则泛指中原华夏族人。《疏》言："百姓，谓天下之人皆有族姓。言百，举其多也。《尚书》云'平章百姓'，则谓百姓为百官，为下有黎民之文，所以百姓非兆庶也。此《经》'德教加于百姓'，则谓天下百姓，为与'刑于四海'相对。四海既是四夷，此百姓自然是天下兆庶也。"《群书治要》郑注："敬以直内，义以方外，故德教加于百姓也。"

〔8〕刑于四海：刑，《群书治要》本作"形"，与型字通，正也，法式，典范。《孟子·梁惠王上》"刑于寡妻"注言："刑，正也。言文王正己嫡妻，则八妾从。"四海，指四方各族之人，所谓东夷、西戎、南蛮、北狄，先秦统称"四夷"。与上文百姓所指中原华夏之民相对的"四夷"之民。古人认为对华夏百姓和四夷要实行不同的统治方法，此处亦为此意。对华夏百姓用教化之法，对四方各族是以中原的榜样去影响、感化。郑注："刑，法也。君行博爱广敬之道，使人皆不慢恶其亲，则德教加被天下，当为四夷所法则也。"

〔9〕盖天子之孝也：孝的内容很多，此处为大略而言。《孟子·离娄上》言："孟子曰：爱人不亲反其仁，治人不治反其智，礼人不答反其敬。行有不得者，皆反求诸己。其身正，而天下归之。"也是讲天子个人的表率作用十分重要。

〔10〕《甫刑》：《群书治要》本作《吕刑》，为《尚书》中的篇名。据云，周穆王命吕侯为司寇，吕侯遂以穆王名义发布赎刑之法，以公布于天下。吕侯后改封为甫侯，故该篇又称《甫刑》。下引《甫刑》中两句，见于今本《尚书·吕刑》。

〔11〕一人有庆：一人，指天子。商周时天子自称"予一人"，意为我也是一个普通的人。而臣民尊称天子为"一人"，意为天子是天下第一的人。庆，善，即爱敬。有庆，言天子有了爱敬父母的事实。

〔12〕兆民赖之：兆民，万民，即上文之百姓、四夷，天下的所有人。古人所说的兆，既指一百万，也指十亿，后指一万亿。此处泛言极多，非实数。赖，依靠，凭借。指天子以孝道治国，敬老爱民，则国家大治，社会安定，人民就有了依靠，不会出现危险。郑注："一人谓天子。亿万曰兆。天子曰兆民，诸侯曰万民。天子为善，天下皆赖之。"

董仲舒《春秋繁露·为人者天》言："传曰，惟天子受命于天，天下受命于天子，一国则受命于君。君命顺，则民有顺命。君命逆，则民逆命。故曰，'一人有庆，万民赖之'。此之谓也。"

【译文】

孔子说："天子作为亲爱自己父母的人，就一点也不敢嫌恶天下所有人的父母；作为敬重自己父母的人，就一点也不敢轻慢天下所有人的父母。天子竭尽爱敬去侍奉自己的父母，再以道德教化施行于华夏百姓之中，并以之作为四方各族的榜样法式，这大概就是天子孝道的要求吧！

"《甫刑》中说：'如果天子爱敬自己的父母，就能够以道德教化施行于天下，那么天下的亿万民众就都有了依靠。'"

诸侯章第三

【题解】

　　诸侯是商周分封制度下对王朝所分封各国国君的称呼。郑注："裂土封疆，谓之诸侯。"据说，周初分封同姓和异姓诸侯达一千八百，布列于方圆五千里之内，有公、侯、伯、子、男五等爵位。《礼记·王制》言："王者之制禄爵，公、侯、伯、子、男，凡五等。诸侯之上大夫卿、下大夫、上士、中士、下士，凡五等。"《疏》言："《正义》曰，云诸侯列国之君者，经典皆谓天子之国为王国，诸侯之国为列国。《诗》云，思皇多士，生此王国。则天子之国也。《左传》鲁叔孙豹云，我列国也。郑子产云，列国一同。是诸侯之国也。列国者，言其国君，皆以爵位尊卑及土地大小而叙列焉。五等皆然。"为什么以诸侯作为所有封君的通称？《疏》解释说："此公、侯、伯、子、男，独以侯为名而称诸侯者，举中而言。又《尔雅》，侯为君，故以侯言之。"另一种说法是，"不曰诸公者，嫌涉天子三公也。故以次称为诸侯，犹其诸国之君也。"诸侯各有世袭的封土，对王朝尽其义务，主要是服从王朝政令，定期朝贡，述职，必要时出兵和为王朝服役。

　　诸侯为一国之君，地位仅次于天子，故书中将诸侯之孝置于五孝第二予以专门论说。本章强调，作为一国之君的诸侯，其孝，关键在于戒惧，任何时候都要谦虚谨慎，不骄不奢，这样才能长守富贵，和悦百姓，保其社稷。这种见解很有哲理意味。

　　"在上不骄[1]，高而不危[2]；制节谨度[3]，满而不溢[4]。高而不危，所以长守贵也[5]；满而不溢，所以长守富也[6]。

　　"富贵不离其身[7]，然后能保其社稷[8]，而和其民人〔9〕。盖诸侯之孝也。

"《诗》云〔10〕：'战战兢兢〔11〕，如临深渊〔12〕，如履薄冰〔13〕。'"

【注释】

〔1〕在上不骄：在上，诸侯为列国之君，贵在一国臣民之上，故言"在上"，即处于高上位子的意思。骄，自满，自高自大。无礼为骄。《群书治要》郑注言："敬上爱下，谓之不骄。故居高位而不危殆也。"《疏》言："但骄由居上，故戒贵云在上。"

〔2〕高而不危：高即上，言诸侯居于一国最高之位，所处甚高。危，危殆，危险。此接上句，意为，诸侯居于万人之上的高位，仍能不自高自大，则不会发生危殆。唐玄宗注云："诸侯列国之君，贵在人上，可谓高矣。而能不骄，则免危也。"《疏》："曰其为国以礼，能不陵（凌）上慢下，则免危也。"《论语·尧曰》言："子曰：'尊五美，屏四恶，斯可以从政矣。'子张曰：'何谓五美？'子曰：'君子惠而不费，劳而不怨，欲而不贪，泰而不骄，威而不猛。'子张曰：'何谓惠而不费？'子曰：'因民之所利而利之，斯不亦惠而不费乎？择可劳而劳之，又谁怨？欲仁而得仁，又焉贪？君子无众寡，无小大，无敢慢，斯不亦泰而不骄乎？君子正其衣冠，尊其瞻视，俨然人望而畏之，斯不亦威而不猛乎？'"即言此意。

〔3〕制节谨度：制节，花费节省，生活俭朴。郑注："费用约俭，谓之制节。"《疏》言："溢由无节，故戒富云制节也。"《论语·学而》："子曰：'道千乘之国，敬事而信，节国而爱人，使民以时。'"即言此意。谨度，谨慎地实行礼仪法律制度，行动合乎典章，不可有所僭越。《群书治要》郑注言："奉行天子法度，谓之谨度。故能守法而不骄逸也。"

〔4〕满而不溢：满，国库充实，钱财很多。溢，过分，此处指生活奢侈，与骄相对。《经典释文》郑注言："奢泰为溢。"《疏》言："《书》（指《尚书·周官》）称，位不期骄，禄不期侈。是知贵不与骄期，而骄自至；富不与侈期，而侈自来。言诸侯贵为一国之主，富有一国之财，故宜戒之也。"此句意为，诸侯作为一国人主，享有全国的赋税，府库自然充实，财富溢裕，但仍要生活节俭有度，不可奢侈腐化。

〔5〕所以长守贵：所以，古汉语中介词的凝固结构，表示"……的

原因"。贵，显贵，爵位高。守贵，此处指守住其诸侯的位子。《群书治要》郑注："居高位能不骄，所以长守贵也。"《左传》昭公二十三年，史墨言："社稷无常奉，君臣无常位，自古以然。故《诗》曰：'高岸为谷，深谷为陵。'三后之姓，于今为庶。"就是讲历来都有天子、诸侯丧失其位者。

〔6〕守富：此处指守住国君所拥有的巨额财富。诸侯因贵而富，守贵就能守富，二者紧密相连。《群书治要》郑注言："虽有一国之财而不奢泰，故能长守富。"

〔7〕富贵不离其身：身，自身。《群书治要》郑注："富能不奢，贵能不骄，故云不离其身。"《疏》言："言居高位而不倾危，所以长守其贵；财货充满而不盈溢，所以长守其富。使富贵长久不去离其身，然后乃能安其国之社稷，而协和所统之臣人。"《孟子·离娄上》言："孟子曰：人有恒言，皆曰天下国家。天下之本在国，国之本在家，家之本在身。"

〔8〕社稷：社是祭祀土神的场所，亦代指土神；稷为五谷之长，是谷神。只有天子和诸侯有祭祀社稷的权力。天子之社坛，祭青、赤、白、黑、黄五色土。诸侯之社只能祭其方之色土，如在西方祭白色土。天子、诸侯失去其国，即失去祭祀社稷的权力，故古代以社稷作为国家的代称。《白虎通义·社稷》言："王者所以有社稷何？为天下求福报功。人非土不立，非谷不食。土地广博，不可遍敬也；五谷众多，不可一一而祭也，故封土立社，示有土尊。稷，五谷之长，故封稷而祭之也。"先秦祭祀各有等级不同。《礼记·王制》言："天子祭天地，诸侯祭社稷，大夫祭五祀。天子祭天下名山大川，五岳视三公，四渎视诸侯。诸侯祭名山大川之在其地者。"唐玄宗注："列国皆有社稷，其君主而祭之。言富贵常在其身，则长为社稷之主，而人自和平也。"诸侯以下无祭社稷之权，故此处称诸侯保其社稷。

〔9〕和其民人：和，使动用法，"使……和睦"的意思。民人，即人民，百姓。古代民、人含义稍有别。《疏》言："皇侃云，民是广及无知，人是稍识仁义，即府史之徒。故言民人，明远近皆和悦也。《援神契》云：诸侯行孝曰度，言奉天子法度，得不危溢，是荣其先祖也。"《诗经·大雅·假乐》"宜民宜人"句，注言："宜安民，宜官人"。民指最底层的平民，人指民中之贤能者。《群书治要》郑注言："薄赋敛，省徭役，是以民人和也。"《疏》言："社稷以此安，臣人以此和也。"诸侯制节谨度，满而不溢，自能薄赋敛，省徭役，而致民人和睦。

〔10〕《诗》：以下引文，见《诗经·小雅·小旻》。据说，该诗是大

夫为讥刺周幽王而作。

〔11〕战战兢兢：战战，恐惧的样子。兢兢，戒慎的样子。

〔12〕如临深渊：临，靠近。渊，既可释为深水、深潭，也可释为打旋的水。意为就好像在深潭边上，惟恐掉下去。戒惧思想在孔子及其后学的学说中屡屡提及。如《曾子·立事》言："君子见利思辱，见恶思垢，嗜欲思耻，忿怒思患。君子终身守此战战也。"又言："昔者，天子日旦思其四海之内，战战惟恐不能义也。诸侯日旦思其四封之内，战战惟恐失损之也。大夫士日旦思其官，战战惟恐不能胜也。庶人日旦思其事，战战惟恐刑罚之至也。是故临事而栗者，鲜不济矣！"《孟子·离娄下》言："孟子曰：是故君子有终身之忧，无一朝之患也。"

〔13〕如履薄冰：就好像在很薄的冰上行走。郑注："恐陷。义取为君恒须戒惧。"

【译文】

"诸侯居甚贵甚尊之位，而能不自高自大，就可以不出现危险。生活节俭，慎行礼法典章，即使国库充裕，也不能奢侈腐化。身居高位，而不出现危险，就能长期守住诸侯的尊贵；国库充裕，而不奢侈腐化，就能长期保有国君的富裕。

"富贵不离开诸侯的身体，然后就能保有其国家，而且使人民和睦，这大概就是诸侯的孝吧！

"《诗经》中说：'要随时保持恐惧和戒慎，就好像正站在深潭的边上，害怕掉进去；就好像正走在极薄的冰层上，害怕陷进去。'"

卿大夫章第四

【题解】

　　周代周王分封诸侯，诸侯在自己的封土内再层层分封，又有五等之爵。《礼记·王制》言："诸侯之上大夫卿、下大夫、上士、中士、下士，凡五等。"卿是王朝和诸侯国中的高级官员，其爵位为大夫，但有上大夫与下大夫的不同。王朝有三公九卿，诸侯国中大国有三卿，都由天子任命，是上大夫爵。次等诸侯国三卿，其中二卿由天子任命，为上大夫，一卿由其国君任命，为下大夫。小国亦有三卿，一卿任命于天子，为上大夫，二卿由其国君任命，为下大夫。《白虎通义·爵》言："公卿大夫者何谓也？内爵称也。卿之为言章，善明理也。大夫为言大扶，进人者也。故《传》曰：'进贤达能，谓之大夫也。'"又说："大夫无遂事，以为大夫职在之适四方，受君之法，施之于民。"将卿、大夫连称，一是卿即大夫，二是因为卿之大夫与不任卿之大夫的孝行要求相同，故而概言之。

　　卿大夫是仅次于诸侯的尊贵者，故以其置于五孝中的第三孝论之。卿大夫是王朝和诸侯国政令的执行者，故本章言卿大夫之孝，特别强调其服饰、言论、行动都必须遵守礼制，为民众作出表率，然后才能守住自家的地位和宗庙祭祀。

　　"非先王之法服不敢服[1]，非先王之法言不敢道[2]，非先王之德行不敢行[3]。

　　"是故非法不言，非道不行；口无择言[4]，身无择行[5]；言满天下无口过[6]，行满天下无怨恶[7]。三者备矣[8]，然后能守其宗庙[9]。盖卿大夫之孝也。

　　"《诗》云[10]：'夙夜匪懈[11]，以事一人。'"

【注释】

〔1〕非先王之法服不敢服：先王之法服，先王制定的各种等级的人的规定服饰。《尚书·皋陶谟》言："天命有德，五服五章哉。"注言："五服，天子、诸侯、卿、大夫、士之服也。尊卑彩章各异，所以命有德。"严可均辑《孝经》郑注云："法服，谓先王制五服。天子服日月星辰，诸侯服山龙华虫，卿大夫服藻火，士服粉米，皆谓文绣也。"不敢服，不敢穿用。《礼记·缁衣》："子曰：'长民者，衣服不贰，从容有常，以齐其民，则民德壹。'"作为周礼重要内容的服饰，是为了表示各种人身份地位的尊卑贵贱，因而不可违背。若穿用了不合规定等级的服饰，即高等级的服饰，则是僭上逼下违礼非法的行为。卿大夫必须严守礼法，因而服饰必须合于礼制。

〔2〕法言：合乎礼法的言语，即《诗》、《书》等中言论。《论语·颜渊》："子曰：'非礼勿视，非礼勿言，非礼勿动。'"《礼记·缁衣》："子曰：'君子道人以言，而禁人以行。故言必虑其所终，而行必稽其所敝，则民谨于言而慎于行。'"即指此。非先王之法言，指《礼记·王制》中所说的"言伪而辩"。道：说，讲。

〔3〕德行：合乎礼乐的道德行为。《论语·述而》："子曰：'志于道，据于德，依于仁，游于艺。'"即为此意。非先王之德行，指《礼记·王制》中所说的"行伪而坚"。或说德行指"六德"，即仁、义、礼、智、忠、信。敦煌遗书伯3378《孝经注》言："好生恶死曰仁，临财不欲、有难相济曰义，尊卑慎序曰礼，智深识远曰智，平直不移曰忠，信义可覆曰信。"

〔4〕口无择言：择，致（yì 易）的假借字，讨厌，嫌恶之意。意为，口中说出的话，都经过深思熟虑，遵循先王法言，合乎《诗》、《书》，非常正确，故而无人厌恶。《尚书·吕刑》言："典狱，非讫于威，惟讫于富。敬忌，罔有择言在身。"注言："尧时典狱，皆能敬其职，忌其过，故无有可择之言在其身。"《诗经·周颂·振鹭》："在彼无恶，在此无致。"笺云："在此谓其来朝人皆爱敬之，无厌之者。致音亦，厌也。"阮福《孝经义疏补》卷二："'口无择言，身无择行'，二择字当读为厌致之致。厌致，即《诗》所云：'在彼无恶，在此无致。庶几夙夜，以永终誉'也。《诗·思齐》'古之人无致，誉髦斯士。'郑氏笺引《孝经》'口无择言，身无择行'以明之。《释文》，郑作择，此乃郑康成读《孝经》之择为致，而读《毛诗》之致为择，假借也。故孔疏曰：'笺不言字误也。'康成此说，即宋均所云之评也。又《尚书·吕刑》'罔有择言在身'，孔子之义本此。"

〔5〕身无择行：自身所做之事，合乎礼义，没有使人厌恶的行为。

〔6〕言满天下：指说的话很多，且不管是在何处。　口过：说出来的话不合礼法，有过错和让人厌恶。

〔7〕怨恶(wù误)：埋怨和厌恶。此"怨恶"二字，可视为对上文之"择"的解释。

〔8〕三者：指上文之合于先王的服饰、言语和德行。《疏》引皇侃详释本章为何既论服、言、行三者，又复强调言、行二者的原因，说："初陈教本，故举三事。服在身外，可见，不假多戒。言行出于内府，难明，必须备言，最于后结宜应。总言谓人相见，先观容饰，次交言辞，后论德行，故言二者以服为先，德行为后也。"《礼记·表记》言："子曰，君子不失足于人，不失色于人，不失口于人，是故君子貌足畏也，色足惮也，言足信也。《甫刑》曰，敬忌而罔有择言在躬。"

〔9〕守其宗庙：宗庙，古代祭祀先人的场所。《孝经郑注》解释，"宗，尊也；庙，貌也。亲虽亡没，事之若生，为作宫室，四时祭之，若见鬼神之容貌。"《礼记·王制》言："自天子达于庶人，丧从死者，祭从生者，支子不祭。天子七庙，三昭三穆，与太祖之庙而七。诸侯五庙，二昭二穆，与太祖之庙而五。大夫三庙，一昭一穆，与太祖之庙而三。士一庙。庶人祭于寝。"立庙祭祀，是宗法制度下宗子的特权，亦是其地位的象征，必须世代守之，而不能丧失，这是卿大夫之孝的要害所在。连祖宗留下的卿大夫地位都丧失了，还有什么孝可言？卿大夫守住宗庙，就是守住了自己在家族中的地位和特权。如果他的服饰、言语和德行都合乎先王之法，就能守住祭祀宗庙的权力。否则就要被废黜，就会丧失其地位和特权，宗庙也就无人祭祀了。

〔10〕《诗》：下引诗句，见《诗经·大雅·烝民》。据说该诗是尹吉甫赞美周宣王所作。

〔11〕夙夜匪懈：夙，早晨。夜，晚间。匪，同"非"，不。懈，惰，松懈。《群书治要》郑注言："卿大夫当早起夜卧，以事天子，勿懈惰。"

【译文】

"卿大夫不是先王规定的服饰，绝不敢穿用在身上；不合乎先王所作《诗》、《书》的言语，绝不敢说出口；不合乎先王所遵循的道德行为，绝不敢做出来。

"因此，卿大夫不敢乱说不合礼法的话语，不敢乱做不合礼法的事情。嘴里说出的都是经过深思熟虑合乎礼义的话，没有使人厌恶的话；做出来的都是经过认真考虑合乎礼义的事，没有使人厌烦的事。无论说多少话，也无论在哪儿说的话，都没有错话；无论做多少事，也无论在哪儿做的事，都不会使人怨恨或嫌恶。卿大夫在服饰、言语和行为这三方面都合乎礼法，完全做到，就能够长期守住宗庙的祭祀，也就世代守住了卿大夫的地位，这大概就是卿大夫的孝吧！

　　"《诗经》中说：'卿大夫要早起晚睡，整天尽心尽力地侍奉君王，而不敢有所松懈、怠慢。'"

士章第五

【题解】

　　士是周代次于卿大夫的最末一等的爵位，有上士、中士、下士三级，又是低级官吏的名称，还是各种有才能者的通称。杨伯峻、徐提著《春秋左传辞典》，总结《左传》中的"士"有六义：一，古代大夫以下，庶民以上之人。二，凡卿以下，奴隶以上，足以养之以为用者泛称为士。三，男子之泛称。四，军士、士卒。五，人才。六，犹言人。《礼记·王制》注中，将公、侯、伯、子、男这五等爵者称为南面之君，即诸侯的爵称；上大夫卿、下大夫、上士、中士、下士这五等爵者称为诸侯之下北面之臣。士是最下层的统治者，是王朝和诸侯国中面向庶民负责处理具体事务的人员。《说文解字》言："士，事也。数始于一，终于十。从一从十。孔子曰：'推十合一为士。'"《白虎通义·爵》言："士者，事也，任事之称也。故传曰，通古今，辩然否，谓之士。"研究甲骨文的学者说，甲骨文中的"丄"，即士字，是男性生殖器的象形字。先秦往往以士为官名，如《周礼·秋官》中的乡士、方士、朝士、都士、家士。此外，士还是对各种有特殊技能和知识者的通称，如称武士、智士等，故而《公羊解诂》言："德能居位曰士。"

　　本书将士置于卿大夫之后、庶人之前，作为五孝中之第四孝予以论说。大意是士要发挥自己的作用，必须为君、为卿大夫所用，故而士之孝的关键是以事父、事母的态度去事君、事上，主要是爱、敬、忠、顺这几条，这样才能保住自己的俸禄，守住家族中的祭祀。这些意见，还可以看作儒家德治中对基层统治者道德和行为的要求。

　　"资于事父以事母，而爱同[1]；资于事父以事君，而敬同[2]。故母取其爱，而君取其敬，兼之者，父也[3]。

"故以孝事君则忠[4]，以敬事长则顺[5]。忠顺不失[6]，以事其上，然后能保其禄位[7]，而守其祭祀[8]。盖士之孝也。

"《诗》云[9]：'夙兴夜寐，无忝尔所生。'[10]"

【注释】

〔1〕资于事父以事母，而爱同：资，取，拿。言要以侍奉父亲的爱戴之心去侍奉母亲，使母亲也受到与父亲一样的爱戴。为何将事父置于事母之前？《礼记·丧服四制》言："资于事父以事母，而爱同。天无二日，土无二王，国无二君，家无二尊，以一治之也。故父在为母齐衰期者，见无二尊也。"意为，因家中不应有二位等同的尊贵者，故以事父置于事母之前。《群书治要》郑注言："事父与母，爱同敬不同也。"意思是，对父亲行孝既要敬又要爱，而对母亲行孝不要求敬，只要求爱。

〔2〕敬：尊敬。《礼记·丧服四制》言："资于事父以事君，而敬同。贵贵尊尊，义之大者也。故为君亦斩衰三年，以义制之者也。"《左传》隐公元年，"君子曰：颍考叔，纯孝也，爱其母，施及庄公。《诗》曰：'孝子不匮，永锡尔类'，其是之谓乎！"《群书治要》郑注言："事父与君，敬同爱不同。"意思是，对父亲的孝既要敬又要爱，对国君的孝不要求爱，只要求敬。

〔3〕兼之者，父也：兼，同时具备。之，指爱与敬。对母亲要爱，对国君要敬，对父亲的孝道则既有爱又有敬。

〔4〕以孝事君则忠：忠，出自内心的诚挚与竭尽全力的行为。《论语·八佾》："孔子对曰：'君使臣以礼，臣事君以忠。'"《吕氏春秋·孝行览》言："人臣孝，则事君忠。"全句的意思是，士人用对父母的孝心去侍奉君王，就能做到忠诚。

〔5〕以敬事长则顺：敬，有礼貌地对待。此处指勤勉认真地对待工作或职务，即敬业。《论语·卫灵公》："子曰：'事君，敬其事而后食。'"长，长上，即今言上级、上司，指禄位比士为高的公卿大夫。士为仕，则将在公卿大夫之下做事，就要侍奉公卿大夫，故言"事长"。《论语·子罕》："子曰：'出则事公卿，入则事父兄，丧事不敢不勉，不为酒困，何有于我哉！'"顺，依循，顺应，服从。《论语·子路》："子

贡问曰：'何如斯可谓之士矣？'子曰：'宗族称孝焉，乡党称弟焉。'"《孟子·梁惠王上》言："修其孝悌忠信，入以事父兄，出以事其上。"《群书治要》本郑注："移事兄敬，以事于长，则为顺矣。"

〔6〕忠顺不失：不失，不丧失其根本。即在忠和顺两方面都做得很好，不出现任何不当或失误。明吕维祺《孝经本义》言："合忠与顺，不失其道，以事君与长，然后能安保其俸廪之禄，官爵之位，而永守其祖先之祭祀。"《论语·学而》言："有子曰：'其为人也孝弟，而好犯上者，鲜矣；不好犯上，而好作乱者，未之有也。君子务本，本立而道生。孝弟也者，其为仁之本与！'"

〔7〕保其禄位：禄，指俸禄，官吏的薪俸。士的俸禄，以人赋为标准。《礼记·王制》云："制农田百亩。百亩之分，上农夫食九人，其次食八人，其次食七人，其次食六人，下农夫食五人。庶人在官者，其禄是以为差也。诸侯之下士，视上农夫，禄足以代其耕也。中士倍下士，上士倍中士，下大夫倍上士，卿四大夫禄，君十卿禄。"则下士食九人，即一井田（九百亩土地）之禄，中士食二井田之禄，上士食四井田之禄。位，指官爵之位。禄位是公家所给，故言保。保，安镇也。禄与位是互相关联的，有位则有禄，无位则无禄。

〔8〕守其祭祀：祭，际也，神人相接为祭。祀，似也，言祀者似将见先人也。祭祀，指备供祭品，祭神供祖的活动。无牲而祭称为荐，荐而加牲称为祭。《礼记·祭统》言："是故贤者之祭也，致其诚信，与其忠敬，奉之以物，道之以礼，安之以乐，参之以时，明荐之而已矣。祭者，所以追养继孝也。"各种等级的人祭祀的对象不同，《礼记·曲礼下》言："天子祭天地，祭四方，祭山川，祭五祀，岁遍。诸侯祭山川，祭五祀，岁遍。大夫祭五祀，岁遍。士祭其先。"祭先，就是祭祖。按照宗法制度规定，士为家族之宗子，即家长，有主持祭祀祖先的权力，庶子只能协助和参加祭祀。祭祀是家族之内的事，是私，故言守。吕维祺《孝经本义》卷一言："惟士无田，则亦不祭。故禄位与祭祀相关。盖士之孝有终始，当如是也。"

〔9〕《诗》：下文所引诗句见《诗经·小雅·小宛》，据说，该诗为大夫讥刺周厉王而作。

〔10〕夙兴夜寐（mèi 妹），无忝（tián 甜）尔所生：兴，起，起床做事。寐，睡觉。无，别，不要。忝，辱，羞辱。尔所生，生养你的人，即你的生身父母。儿子事君不忠、事上不顺，而遭致惩处，就会使父母受到羞辱，其名誉受到伤害。

【译文】

"士人尽孝，就要以侍奉父亲的爱戴之心去侍奉母亲，使母亲也受到与父亲同样的爱戴。要以对父亲的崇敬之心去侍奉君王，使君王也受到与为人父者同样的崇敬。这样，母亲得到的是儿子的爱戴，君王得到的是为人子的崇敬，只有父亲得到的既有爱戴又有崇敬，二者兼而有之。

"因此，士人将侍奉父亲的孝心用来侍奉君王，就能做到忠诚、竭力。将侍奉父兄的勤勉用来侍奉作为上司的公卿大夫，就能做到依循、顺从。在侍奉君王和公卿大夫时，如果永远保持忠诚和顺从之心，然后才能永远保有自己的俸禄和官爵，而守护好在家族中祭祀先祖的权力。这大概就是士人的孝吧！

"《诗经》中说：'要早起晚睡，整天兢兢业业以忠心侍奉君王，以顺从侍奉公卿大夫，千万不要使你的生身父母受到羞辱。'"

庶人章第六

【题解】

　　庶人，指天下一般有自由身份的平民百姓，一切非奴婢而又无官位者。庶，是众的意思。有人将士包括于庶人之内，见下述"士农工商"之说，但一般认为庶人为士以下的一般平民。《孝经注疏》云："严植之以为，士有员位，人无限极，故士以下皆为庶人。"三代的庶人，有住于都邑（国）之中的市民称国人，也有住在鄙野的农人。《孟子·万章下》言："孟子曰：'在国曰市井之臣，在野曰草莽之臣，皆谓庶人。'"庶人又有亲疏之分，《左传》桓公二年，师服曰："吾闻国家之立也，本大而末小，是以能固。故天子建国，诸侯立家，卿置侧室，大夫有贰宗，士有隶子弟，庶人、工、商，各有分亲，皆有等衰。"杨伯峻注："此言庶民以及工商，其中不再分尊卑，而以亲疏为若干等级之分别。"庶民是古代等级社会中最普通、最广大的一个群体，是最主要的生产者。其所从事的职业，又有士、农、工、商之别。《谷梁传》成公元年言："古者有四民：有士民，有商民，有农民，有工民。"《公羊解诂》言："古者有四民：一曰德能居位曰士，二曰辟土殖谷曰农，三曰巧心劳手以成器物曰工，四曰通财鬻货曰商。"从本书将士与庶民分列看，至少《孝经》的作者未将士包含于庶人之中。古代社会，以农业立国，农业是最主要的经济生产，故而农人是庶民中的主要成分。

　　庶人在社会中是除奴隶以外身份最低者，故本书将其置于五孝中之第五孝加以论说。其中所指庶人，主要是从事劳作的农业劳动者，其次为手工业者，再其次为商贾。本章论庶人的孝，最根本的是努力生产，谨慎节用，供养父母。并对五孝进行总结，指出无论尊卑贵贱的人，只要始终如一，孝都是可以做到的。至此，论五孝结束。

"用天之道^[1]，分地之利^[2]，谨身节用^[3]，以养父母^[4]，此庶人之孝也。

"故自天子至于庶人^[5]，孝无终始^[6]，而患不及者^[7]，未之有也。"

【注释】

〔1〕用天之道：用，《群书治要》本作"因"，顺应、凭依、利用。天，泛指各种自然现象，如春温、夏热、秋凉、冬寒的季节变化，阴、晴、风、雨、雷、电等天气变化。道，本义是人走的道路，引申为规律、原理、准则、宇宙的本原等意思。天之道，指自然的规律。全句意为，做什么事都要顺应自然规律，不可违背。此处的用天之道，主要指春生（春季耕种）、夏长（夏季耘苗）、秋敛（秋季收获）、冬藏（冬季入库）等农事，有很强的季节性，都要按自然规律去做，违背自然规律，将会受到惩罚，而一无所获。

〔2〕分地之利：分，区别，分别。利，利益，好处。此处指各种不同的土地适合生长什么作物。《群书治要》郑注言："分别五土，视其高下，此分地之利。"意为，分别土质的不同，根据其高低平隰，进行种植，获得最大的收益。通过长期的生产实践，古人对区别不同土地进行不同的生产活动有明确的认识。《周礼·地官·大司徒》言："以天下土地之图，周知九州之地域广轮之数，辨其山林、川泽、丘陵、坟衍、原隰之名物。以土会之法，辨五地之物生。一曰山林，其动物宜毛物，其植物宜皁物，其民毛而方。二曰川泽，其动物宜鳞物，其植物宜膏物，其民黑而津。三曰丘陵，其动物宜羽物，其植物宜核物，其民专而长。四曰坟衍，其动物宜介物，其植物宜荚物，其民皙而瘠。五曰原隰，其动物宜裸物，其植物宜丛物，其民丰肉而卑。"还掌握了不同作物适当的生产季节，提出不违农时。《孟子·梁惠王上》言："孟子曰：'不违农时，谷不可胜食也。数罟不入洿池，鱼鳖不可胜食也。斧斤以时入山林，材木不可胜用也。谷与鱼鳖不可胜食，材木不可胜用，是使民养生丧死无憾也。'"

〔3〕谨身节用：谨，恭敬，谨慎。谨身，即对自己的身体恭敬、谨慎，言行合于礼的要求，不做非礼之事，就能远离刑罚的羞辱。《论语·学而》言："恭近于礼，远耻辱也。因不失其亲，亦可宗也。"《孟子·离娄上》言："孟子曰：事孰为大？事亲为大。守孰为大？守身为

大。不失其身，而能事其亲者，吾闻之矣。失其身而能事其亲者，吾未之闻也。"节用，指即使家中富裕，生活也不奢侈浪费，注意节省。用，指庶人衣服、饮食、丧祭等方面的花费。《群书治要》郑注言："行不为非，为谨身。富不奢泰，为节用。度财为费，父母不乏也。""身恭谨，则远耻辱。用节省，则免饥寒。公赋既充，则私养不阙。"

〔4〕以养父母：以，拿来，用来。养，赡养，供养。《疏》引《援神契》云："庶人行孝曰畜，以畜养为义。言能躬耕力农，以畜其德，而养其亲也。"赡养并非仅是供其吃喝，还有很丰富的内容。《孟子·离娄上》："曾子(曾参)养曾晳，必有酒肉。将彻，必请所与。问有余？必曰有。曾晳死，曾元养曾子，必有酒肉。将彻，不请所与。问有余？曰亡矣，将以复进也。此所谓养口体者也。若曾子，则可谓养志也。事亲若曾子者，可也。"《吕氏春秋·孝行览》言："养有五道：修宫室，安床第(zǐ 子)，节饮食，养体之道也；树五色，施五彩，列文章，养目之道也；正六律，和五声，杂八音，养耳之道也；熟五谷，烹六畜，和煎调，养口之道也；和颜色，说(悦)言语，敬进退，养志之道也。此五者，代进而厚用之，可谓善养矣。"

〔5〕自天子至于庶人：指从尊如天子，下至诸侯、卿大夫、士，直到卑如庶人，无论尊贵还是卑贱，都要实行孝道。本章自此开始总论五孝。

〔6〕孝无终始：实行孝道，没有贵贱等级的差异，也没有开始与终结的区别。终始，指《开宗明义章》所言"身体发肤，受之父母，不敢毁伤，孝之始也。立身行道，扬名于后世，以显父母，孝之终也。夫孝，始于事亲，中于事君，终于立身。"《正义》言："云尊卑虽殊，孝道同致者，谓天子、庶人，尊卑虽别，至于行孝，其道不殊。天子须爱亲敬亲，诸侯须不骄不溢，卿大夫须言行无择，士须资亲事君，庶人谨身节用，各因心而行之。"

〔7〕而患不及者：《群书治要》本，"及"字后有"己"字。患，忧虑，担心。及，赶上，做到。意为，而担心自己做不到孝。全句意为，从天子到庶人，实行孝道是很容易的，不在于其地位尊贵还是卑贱，也不在于是事亲还是立身。因此，担心自己不能做到孝行，是不会有的。这是劝勉人们实行孝道的鼓励的语言。以上解释系据唐玄宗注释。此前，较流行的说法与此不同。他们释"孝无终始"为行孝无始无终，"患"为祸患，故而释全句为，如果行孝道用心不纯，用力不果，从而在立身和事亲方面都没有始终，这样，要想祸患不及其身，也是不可能的。亦可备一说。

【译文】

"利用春温、夏热、秋凉、冬寒季节变化的自然规律，充分辨别土地的好坏和适应情况，以获取最大的收益。谨慎遵礼，节省用费，以此赡养父母，这大概就是庶人的孝行吧！

"因此，从天子到庶人，无论尊贵者还是卑贱者，也无论是作为孝道之始的事亲还是作为孝道之终的立身，要实行都是不难的。要是还有人忧虑自己做不到孝，那是绝对不必要的。"

三才章第七

【题解】

　　三才，指天、地、人。《易·说卦》言："昔者，圣人之作《易》也，将以顺性命之理，是以立天之道，曰阴与阳；立地之道，曰柔与刚；立人之道，曰仁与义。兼三才而两之，故易六画而成卦，分阴分阳，迭用柔刚，故易六位而成章。"《孝经正义》言："天地谓之二仪，兼人谓之三才。"古人从长期的生产实践中认识到人与自然关系协调的必要性，而自然界的一切，都可以归为天与地两大类，故而千方百计地研究人与天、与地的关系。以阴阳八卦为基础的《易》，就是这种关于天地人关系研究的结晶。由于孝道贯通天地人三者，是"天之经，地之义，民之行"，所以拟定本章题目为三才。

　　以上五章，孔子向曾参陈述了五等之孝，曾参感叹万分，孔子由此进一步阐述孝道的意义。指出孝是符合天地运行法则和人类本性的行为，是三才和合的体现。孝道不仅符合天道运行的法则，也符合土地变化的规律，还是处理人际关系的最佳方法。先王以孝道治理国家，从博爱、道德义理、敬让、礼乐、好恶等五个方面去教化民众，不用严厉的态度就能使民众服从，不用严峻刑法就能使社会得到治理。这些观点，就是所谓的孝治，构成了先秦儒家德政的思想基础和理论根据。

　　本章的内容，与《左传》昭公二十五年，郑国子大叔对赵简子的谈话近同，只是《左传》中的"夫礼，天之经也，地之义也，民之行也……"中的"礼"字，在《孝经》中为"孝"字。朱熹认为这是《孝经》抄袭《左传》的证据，说："《三才章》用《左传》，易'礼'为'孝'，文势反不若彼之贯通，条目反不若彼之完备，明是此袭彼，非彼袭此也。"然而，据作者考证，《孝经》与《左传》的撰述年代大体相近(笔者对《左传》成书年代的考证，请参见《河南古籍整理》1986 年第二期发表之《刘

歆作〈左传〉说质疑》），两者采用当时流行的同一史料也就不足
为奇。

曾子曰："甚哉，孝之大也[1]！"

子曰："夫孝，天之经也[2]，地之义也[3]，民之行
也[4]。天地之经，而民是则之[5]。则天之明[6]，因地
之利[7]，以顺天下[8]，是以其教不肃而成[9]，其政不
严而治[10]。先王见教之可以化民也[11]，是故先之以博
爱[12]，而民莫遗其亲[13]；陈之于德义[14]，而民兴
行[15]；先之以敬让，而民不争[16]；导之以礼乐[17]，而
民和睦[18]；示之以好恶，而民知禁[19]。

"《诗》云[20]：'赫赫师尹[21]，民具尔瞻[22]。'"

【注释】

〔1〕甚哉：甚，很，非常。哉，语气词，表示感叹。大：伟大，此处
主要指孝道内含的广博和意义作用的广大。

〔2〕天之经：经，常规，原则。指永恒不变的道理和规律。《群书治
要》郑注云："春秋冬夏，物有死生，天之经也。"唐玄宗注云："孝为
百行之首，人之常德，若三辰运天而有常，五土分地而为义也。"意为，
孝就像天上的日、月、星辰运行有常规一样是符合天道自然常规的行为。
《曾子·大孝》篇言："夫孝者，天下之大经也。"注云："仁义忠信礼行
强，皆本乎孝，故曰大经。"董仲舒《春秋繁露·五行对》："河间献王
问温城董君曰：'《孝经》曰，夫孝，天之经，地之义，何谓也？'对曰：
'天有五行，木、火、土、金、水是也。木生火，火生土，土生金，金
生水。水为冬，金为秋，土为季夏，火为夏，木为春。春主生，夏主长，
季夏主养，秋主收，冬主藏。藏，冬之所成也。是故，父之所生，其子
长之。父之所长，其子养之。父之所养，其子成之。诸父所为，其子皆
奉承而续行之，不敢不致如父之意，尽为人之道也。故五行者，五行也。
由此观之，父授子受之，乃天之道也。故曰，夫孝者，天之经也，此之
谓也。'王曰：'善哉！天经既闻得之矣，愿闻地之义。'对曰：'地出云

为雨，起气为风，风雨者，地之所为。地不敢有其功名，必上之于天命，若从天气者，故曰天风、天雨也。莫曰地风、地雨也。勤劳在地，名一归于天，非至有义，其孰能行此？故下事上，如地事天也，可谓大忠矣。土者，火之子也。五行莫贵于土。土之于四时，无所命者，不与火分功名。木名春，火名夏，金名秋，水名冬。忠臣之义，孝子之行，取之土。土者，五行最贵者也，其义不可以加矣。五声莫贵于宫，五味莫美于甘，五色莫贵于黄，此谓孝者，地之义也。'"

〔3〕地之义：义，适宜，态度公正，合理合法。《淮南子·谬称训》言："义者，比于人心，而合于众适者。"地之义，言地有五土之分，有山川高下、水泉流通的运行法则。《群书治要》郑注云："山川高下，水泉流通，地之义也。"意为，孝就像大地有山川高下、水泉流通有准则一样，是符合大地万物运行准则的行为。

〔4〕民之行：行，履行，实行。《左传正义》昭公二十五年言："民谓人也。人禀天地之性而生，动作皆象天地，其践履谓之为行。……人之本性，自然法象天地，圣人还复法象天地而制礼教之，是礼由天地而来，故仲尼说孝、子产论礼，皆天、地、民三者并言之。"《群书治要》郑注言："孝悌恭敬，民之行也。"

〔5〕天地之经，民是则之：是，指示代词，复指前文之"天地之经"。则，效法，作为准则。《群书治要》郑注云："天有四时，地有高下，民居其间，当是而则之。"郑注言："天有常明，地有常利，人法则天地，亦以孝为常行也。"全句意为：天上有日、月、星辰照明，地上生长万物供给人类，人以天地的运行作为自己行为的法则，实行孝道。

〔6〕则天之明：仿效天上的日、月、星辰给民众以温暖和光明。《群书治要》郑注言："则，视也，视天四时，无失其早晚也。"《正义》言："天有常明者，谓日、月、星辰明临于下，纪于四时，人事则之，以夙兴夜寐，无忝尔所生。"两书所释皆误。关键问题在于，此句的主语是君，而不是民。两书皆以民之行为释之。但此句下明言"顺天下"、"其教"、"其政"，皆指国君言。故则天之明，当指效法上天给民众以光明。

〔7〕因地之利：《群书治要》郑注："因地高下，所宜何等。"君王有指导农业生产的任务，故需考虑如何充分利用土地，以获得最大收益。

〔8〕以顺天下：《群书治要》郑注言："以，用也。用天四时地利，顺治天下，下民皆乐之，是以其教不肃而成也。"吕维祺《孝经本义》卷一言："以顺天下爱敬之心。"全句意为，用孝道来和顺天下黎民百姓的心情。

〔9〕是以其教不肃而成：是以，因此。其，指天子诸侯。肃，指用严厉惩治的办法去强制民众接受。成，成功，成就，达到目的。

〔10〕其政不严而治：政，政治，政事。治，治理，即天下太平，社会安定。《周礼·夏官·序》："乃立夏官司马，使率其属而掌邦政，以佐王平邦国。"注："政，正也。政所以正不正者也。"《疏》云："《孝经纬文》云：'政者，正也。正德名以行道者也。'亦是正者，先自正己之德名，以行道，则天下自然正。引之以证正不正之事。"《群书治要》郑注言："政不烦苛，故不严而治也。"《春秋繁露·为人者天》："政有三端：父子不亲，则致其爱慈；大臣不和，则敬顺其礼；百姓不安，则力其孝弟。孝弟者，所以安百姓也。力者，勉行之，身以化之。天地之数不能独以寒暑成岁，必有春夏秋冬。圣人之道不能独以威势成政，必有教化。故曰，先之以博爱，教以仁也。难得者，君子不贵，教以义也。虽天子必有尊也，教以孝也；必有先也，教以弟也。此威势之不足独恃，而教化之功不大乎！"

〔11〕先王见教之可以化民：先王，已逝世的帝王，此处指夏禹、商汤、周文王、周武王等圣王。教，教化，思想道德和行动的感召。化，渐变，指民众受统治者行动的感召而逐渐向孝义和善变化。《白虎通义·三教》言："教者何谓也？教者，效也，上为之，下效之。民有质朴，不教不成。故《孝经》曰：'先王见教之可以化民。'《论语》曰：'不教民战，是谓弃之。'《尚书》曰：'以教祗德。'《诗》云：'尔之教矣，欲民斯效。'"《春秋繁露·为人者天》言："传曰：天生之，地载之，圣人教之。君者，民之心也。民者，君之体也。心之所好，体必安之。君之所好，民必从之。故君民者贵孝弟而好礼义，重仁廉而轻财利，躬亲职此于上，而万民听，生善于下矣。故曰，先王见教之可以化民也，此之谓也。"

〔12〕是故先之以博爱：是故，因此。先，率先实行，带头去做，为民众作出榜样。博爱，广泛地实行仁爱，泛爱众人。即前《天子章》"爱亲者，不敢恶于人；敬亲者，不敢慢于人"。《论语·学而》载："子曰：'道千乘之国，敬事而信，节用而爱人，使民以时。'""泛爱众，而亲仁。"

〔13〕民莫遗其亲：遗，遗弃，遗忘。亲，指父母。

〔14〕陈之于德义：陈，广布，陈说。"于"字，《群书治要》本作"以"，义同。言统治者率先陈说道德之美、正义之善。阮福《孝经义疏补》言："此章再言先之，是君身行率先于物也。陈之、导之、示之，是大臣助君为政也。"

〔15〕民兴行：兴，起。行，实行。言民众都会自动地讲道德、行义举。郑注云："陈说德义之美，为众所慕，则人起心而行之。"《疏》云："德义之利，是为政之本也。言大臣陈说德义之美，是天子所重，为群情所慕，则人起发心志而效行之。"《礼记·乐记》言："子夏曰：'为人君者，谨其所好恶而已矣。君好之，则臣为之；上行之，则民从之。《诗》云，诱民孔易，此之谓也。'"

〔16〕先之以敬让，而民不争：敬，尊重他人为敬。让，谦让，指在地位、荣誉、钱财等方面，不与他人相争。郑注："若文王敬让于朝，虞、芮推畔于野。上行之，则下效法之。"《礼记·乡饮酒义》："先礼而后财，则民作敬让而不争矣。"

〔17〕导之以礼乐：导，他本作"道"，义同，引，引导，开导，疏导。礼，一定社会形成或制定的人们的行为和道德规范。此处讲的主要是周礼，即大体在西周时形成了的一套关于礼制、礼仪和礼意的说法。大的方面，有由王朝掌握的五礼，即：关于祭祀的吉礼，关于冠婚的嘉礼，关于宾客的宾礼，关于军旅的军礼，关于丧葬的凶礼，各有不同的规定。另外，又有五等之礼，即对天子、诸侯、卿大夫、士、庶民这五个不同等级在不同场合的礼节要求。在民间，有所谓六礼，即冠、婚、丧、祭、乡饮酒、相见之礼。而关于一般人成婚的手续，又有纳采（向女家送礼求亲）、问名（询问女子的名字与生辰）、纳吉（卜得吉兆后到女家报喜，送礼，定婚）、纳征（订婚后给女家送重礼）、请期（选定完婚吉日，向女家征求意见）、亲迎（新郎到女家迎亲）"六礼"。乐，音乐，这里指的也是西周形成的一套音乐制度。包括不同等级的人在不同场合下的乐器的配制使用、诗歌的选择和乐舞人数的规定。如天子享用八佾之舞，由八八六十四人演出。诸侯用六佾之舞。大夫用四佾之舞。士用二佾之舞。乐器的配制，有宫悬、曲悬（轩悬）、判悬、特悬的不同。古代统治者和儒家都十分重视礼乐的作用。《左传》隐公十一年，君子谓："礼，经国家，定社稷，序民人，利后嗣者也。"《礼记·曲礼》说："夫礼者，所以定亲疏，决嫌疑，别同异，明是非也。"《礼记·乐记》言："乐也者，圣人之所乐也，而可以善民心，其感人深，其移风易俗，故先王著其教焉。""生民之道，乐为大焉。"《礼记·祭义》言："君子曰：'礼乐不可斯须去身，致乐以治心，则易直子谅之心油然生矣。易直子谅之心生则乐，乐则安，安则久，久则天，天则神，天则不言而信，神则不怒而威。致乐以治心也。致礼以治躬则庄敬，庄敬则严威。心中斯须不和不乐，而鄙诈之心入之矣。故外貌斯须不庄不敬，而慢易之心入之矣。故乐也者，动于内者也；礼也者，动于外者也。乐极和，礼极

顺。内和而外顺，则民瞻其颜色，而不与争也；望其容貌，而众不生慢易焉。'"

〔18〕民和睦：人民关系和顺亲睦。《礼记·乐记》言："乐由中出，礼自外作。乐至则无怨，礼至则不争，揖让而治天下者，礼乐之谓也。暴民不作，诸侯宾服，兵革不试，五刑不用，百姓无患，天子不怒，如此则乐达矣。合父子之亲，明长幼之序，以敬四海之内，天子如此，则礼行矣。"《正义》言："言心迹不违于礼乐，则人当自和睦也。"

〔19〕示之以好恶，而民知禁：示，拿出来给人看，使人明白。好，喜好和提倡的。恶，厌恶和反对的。禁，禁止，即不许做的非法的事。《群书治要》郑注言："善者赏之，恶者罚之。民知禁，不敢为非也。"《礼记·乐记》言："是故，先王之制礼乐也，非以极口腹耳目之欲也，将以教民平好恶，而反人道之正也。"《礼记·缁衣》："子曰：'下之事上也，不从其所令，从其所行。上好是物，下必有甚者。上之所好恶，不可不慎也，是民之表也。'"《礼记·缁衣》言："子曰：'上人疑则百姓惑，下难知则君长劳。故君民者，章好以示民俗，慎恶以御民之淫，则民不惑也。'"

〔20〕《诗》：下引诗句见《诗经·小雅·节南山》。据说，此诗为周大夫家父刺讥幽王的诗。

〔21〕赫赫师尹：赫赫，声威显扬、显明华盛的样子。师指太师，为周三公（太师、太傅、太保）中地位最高者，掌管辅佐周王，治理国家。尹为尹氏。师尹，指担任周太师的尹氏。阮福《孝经义疏补》言："孔子所以引《诗》师尹者，孝教出于师。《周礼·地官》：'师氏以三德教国子。三曰孝德以知逆恶。教三行，一曰孝行，以亲父母。'此言孝教出于师，况乎太师。此所引二句，意固在于民瞻，然孔子之意，尤节取师尹二字，以为政教之证。"

〔22〕民具尔瞻：具，皆，都，全部。瞻，视，看着。句意为，民众都在看着你的所作所为。《疏》言："言助君行化，为人模范，故人皆瞻之。"

【译文】

曾子感慨道："真了不起呵，孝道太伟大、太精深了！"

孔子说："孝，就像天上的日、月、星辰运行有常规一样，符合天道自然常规，就像大地有山川高下、水泉流通有准则一样，符合大地万物运行准则，是符合人的本性的人们履行的事。上天有日、月、星辰照明，大地生长万物供给人类，人以天地的运行作为自己行为的法则，实行孝道。君主仿效天上的日、月、星辰给老百姓以温暖和光明，充分利用土地，使其获得最大收益，用孝道来和顺天下黎民百姓的身心。这样做，国家的教化，不必用严厉惩治的办法去强制，就能成功；国家的政治，不必用严苛的刑法去压迫，就能使社会得到治理。夏禹、商汤、周文、武等圣王，发现民众在统治者行动的感召下，就能逐渐向好的方面变化，所以率先带头广泛地实行仁爱，从而影响民众没有人遗弃自己的亲人。而卿大夫们到处陈说道德之关、正义之善，民众都会自动地讲道德、行义举；率先敬重别人，对地位、荣誉、钱财互相谦让，民众就都会效法而不去争夺；用礼制、音乐去引导和影响社会，民众就会关系和合，睦然相处；以行动表现出提倡什么，反对什么，惩处邪恶者，奖赏正义善良者，民众就会知道哪些事不可以做，从而自觉予以防范。

"《诗经·小雅·节南山》中说：'负责教化的太师尹氏的位置是多么地显赫啊，民众都在看着你的一举一动哩。'"

孝治章第八

【题解】

　　孝治，即以孝道治理天下。这一章，是继前章之后，进一步阐述孝道的作用。讲过去的圣明天子都以孝道治天下，从而对大小诸侯，甚至小国之臣，都一视同仁，受到天下诸侯的拥护。在圣明天子的影响下，诸侯以孝道治其国，对民众，无论贵贱都很尊重，故而受到全国臣民的拥护；卿大夫以孝道治其家，对上至妻、子，下至奴、婢，都尊重有礼，得到全家人的欢心。这样做的结果，为人父母者都得到安养或祭祀，天下和平安定，不会出现灾害和祸乱，效果是非常显著的。

　　子曰："昔者明王之以孝治天下也[1]，不敢遗小国之臣[2]，而况于公、侯、伯、子、男乎[3]？故得万国之欢心[4]，以事其先王[5]。

　　"治国者[6]，不敢侮于鳏寡[7]，而况于士民乎[8]？故得百姓之欢心[9]，以事其先君[10]。

　　"治家者[11]，不敢失于臣妾[12]，而况于妻子乎[13]？故得人之欢心[14]，以事其亲[15]。

　　"夫然[16]，故生则亲安之[17]，祭则鬼享之[18]，是以天下和平[19]，灾害不生[20]，祸乱不作[21]。故明王之以孝治天下也如此[22]。

　　"《诗》云[23]：'有觉德行[24]，四国顺之[25]。'"

【注释】

〔1〕昔者明王之以孝治天下：昔，过去，古代。明王，英明圣睿的天子，即首章所说的先王。郑注言："言先代圣明之王以至德要道化人，是为孝理。"

〔2〕不敢遗小国之臣：遗，遗弃，遗忘，不放在心上。小国之臣，指小诸侯国之君派到王朝来聘问天子的臣僚。《群书治要》郑注言："古者，诸侯岁遣大夫聘问天子无恙，天子待之以礼，此不遗小国之臣者也。"意为即使贱如小国派来的大夫，天子都能待之以礼，而不敢有所轻视失礼。

〔3〕而况于公、侯、伯、子、男：而况，何况。公侯伯子男，惯指周之五等爵位。《礼制·王制》言："王者之制禄爵，公、侯、伯、子、男，凡五等。"《疏》言："公者，按《元命包》云，公者，为言平也，公平正直。侯者，候也，候王顺逆。伯者，伯之为言白也，明白于德也。子者，奉恩宣德。男者，任功立业。"《正义》言："五等诸侯，则公、侯、伯、子、男。旧解云：公者，正也，言正行其事。侯者，候也，言斥候而服事。伯者，长也，为一国之长也。子者，字也，言字爱于小人也。男者，任也，言任王之职事也。爵则上皆胜下，若行事亦互相通。"童书业《春秋左传研究》页310认为："旧谓周代诸侯有公、侯、伯、子、男五等，其名次已见《春秋经》。然观金文、《周书》、《诗》、《春秋经》等，所谓五等爵或不见，或有而紊乱。考《书·康诰》……则所谓'诸侯'，指侯、甸、男、采、卫等爵位，是即所谓'周爵五等'也。然侯、甸、男爵位较高，而采、卫一若后世之所谓'附庸'者，地位较低。"备此一说，以供参考。郑注言："小国之臣，至卑者耳，王尚接之以礼，况于五等诸侯？是广敬也。"吕维祺《孝经本义》言："小国之臣，谓子男以下之臣也。言明王见理最明，故以孝治天下，爱敬其亲，不敢恶慢于人，虽小国之臣，尚不敢忘，况公、侯、伯、子、男五等之君乎？故得万国欢悦之心，尊君亲上，同然无间，人心和而王业固，社稷灵长，世德光显。以此事其先王，孝道至矣，教之本立矣。"

〔4〕万国：万，很多，无数。国，诸侯国。欢：高兴，欣喜，欢以承命。范祖禹言："上以礼待下，下以礼事上，而爱敬生焉。爱敬所以得天下之欢心也。"

〔5〕以事其先王：指各诸侯国前来王朝助祭天子之先王的宗庙。郑注言："古者诸侯五年一朝天子，天子使世子郊迎，刍禾百车，以客礼待之。昼坐正殿，夜设庭燎，思与相见，问其劳苦也。"《疏》言："谓天下诸侯各以其所职贡来助天子之祭也。"《群书治要》注："诸侯五年

一朝天子，各以其职来助祭宗庙，是得万国之欢心，事其先王也。"

〔6〕治国者：治理国家的君主，即诸侯。天子为治天下者。

〔7〕侮：轻视，凌辱，怠慢。鳏（guān 官）寡：《孟子·梁惠王下》言："老而无妻曰鳏，老而无夫曰寡，老而无子曰独，幼而无父曰孤。此四者，天下之穷民而无告者。文王发政施仁，必先斯四者。"《礼记·王制》正义言："男子六十无妻曰鳏，妇人五十无夫曰寡。"刘熙《释名·释亲属》："无妻曰鳏。鳏，昆也。昆，明也，愁悒不寐，目恒鳏鳏然也。故其字从鱼，鱼目恒不闭者也。无夫曰寡。寡，踝也。踝踝，单独之言也。"《尚书·康诰》："惟乃丕显考文王，克明德慎罚，不敢侮鳏寡，庸庸，祗祗，威威，显民，用肇造我区夏，越我一二邦以修。"注云："惠恤穷民，不慢鳏夫寡妇，用可用，敬可敬，刑可刑，明此道以示民。"

〔8〕而况于士民乎：士民，士人和庶民，此处士人指庶民中有知识者，非有职之士。唐玄宗注言："鳏寡国之微者，君尚不敢轻侮，况知礼义之士乎？"

〔9〕故得百姓之欢心：唐玄宗注云："诸侯能行孝理（即'治'），得所统之欢心，则皆恭事助其祭享也。"

〔10〕以事其先君：指百姓都主动恭敬地献物给诸侯以协助祭祀诸侯先君。《疏》云："则皆恭事助其祭享也。祭享谓四时及禘祫也。于此祭享之时，所统之人则皆恭其职事，献其所有，以助于君。故云，助其祭享也。"《礼记·王制》言："大夫士宗庙之祭，有田则祭，无田则荐。庶人春荐韭，夏荐麦，秋荐黍，冬荐稻。韭以卵，麦以鱼，黍以豚，稻以雁。"

〔11〕治家者：据唐玄宗注，指受禄养亲的卿大夫。吕维祺《孝经本义》卷一言："以此教卿大夫士庶人，而治一家者。"则理解为包括卿大夫、士和庶人。

〔12〕失：失礼，所言所行不合礼义，或不知其人心意。《周礼·地官司徒·师氏职》："掌国中失之事，以教国子弟。"郑注："教之者，使识旧事也。中，中礼者也。失，失礼者也。"《疏》引刘炫云："失，谓不得其意。"臣妾：《群书治要》本，"臣妾"下增"之心"二字。臣妾，指家中最卑贱的男女仆役，男仆为臣，女仆为妾。《尚书·费誓》："臣妾逋逃。"注云："役人贱者，男曰臣，女曰妾。"《释名·释亲属》："妾，接也，以贱见接幸也。"《曾子·立事》：君子"赐与其宫室，亦犹庆赏于国也；忿怒其臣妾，亦犹用刑罚于万民也。是故为善必自内始也，内人怨之，虽外人亦不能立也。"《疏》引刘炫云："臣妾营事产业，宜

须得其心力，故云，不敢失也。"

〔13〕而况于妻子乎：妻子，妻子和儿子。《说文解字》："妻，妇与夫齐者也，从女从中从又。又持事，妻职也。"《释名·释亲属》："子，孽也。相生蕃孳也。"唐玄宗注云："臣、妾，家之贱者。妻、子，家之贵者。"《礼记·哀公问》："孔子曰：'昔三代明王之政，必敬其妻、子也，有道。妻也者，亲之主也，敢不敬与？子也者，亲之后也，敢不敬与？'"

〔14〕故得人之欢心：人，指全家自妻、子至奴、婢人等。

〔15〕以事其亲·指奉养父母老人。《礼记·内则》言："子事父母，妇事舅姑(即公婆)，鸡初鸣，咸盥漱，以适父母舅姑之所。下气怡声，问衣燠寒，疾痛苛痒，而敬抑搔之。出入则或先或后，而敬扶持之。进盥，少者奉盘，长者奉水，请沃盥。盥毕，授巾，问所欲而敬进之，柔色以温之。饘、酏、酒、醴、芼、羹、菽、麦、蕡、稻、黍、粱、秫，唯所欲。枣、栗、饴、蜜，以甘之。父母舅姑必尝之，而后退。"唐玄宗注曰："卿大夫位以材进，受禄养亲，若能孝理其家，则得小大之欢心，助其奉养。"《正义》云："此说卿大夫之孝治也。言以孝道治其家者，不敢失于其家臣妾贱者，而况于妻子之贵者乎？言必不失也，故得其家之欢心，以承事其亲也。"

〔16〕夫然：夫，发语词。然，如此，这样。指天子、诸侯、卿大夫各自能以孝道治理天下、治理列国、治理家族。《正义》云："此总结天子、诸侯、卿大夫之孝治也。言明王孝治其下，则诸侯以下，各顺其教，皆治其国、家也，如此各得欢心，亲若存则安其孝养，没则享其祭祀，故得和气降生，感动昭昧，是以普天之下，和睦太平，灾害之萌不生，祸乱之端不起，此谓明王之以孝治天下也，能致如此之美。"

〔17〕故生则亲安之：生，指父母健在。亲，亲子之孝。安，舒适安乐。《群书治要》郑注云："养则致其乐，故亲安之也。"《礼记·祭义》："君子生则敬养，死则敬享，思终身弗辱也。"全句意为，所以父母健在时就得到子女以亲礼奉养的安乐。

〔18〕祭则鬼享之："享"，《群书治要》本作"飨"，通用字，皆为受用、享用之意。鬼，人死曰鬼。《礼记·祭义》言："子曰：'众生必死，死必归土，此之谓鬼。'"鬼享，即享用祭祀。郝懿行《广雅义疏》云："《广雅》云，享，养也。《祭统》云，祭者，所以追养继孝也。盖缘孝子之心，畜养无已，故于祭祀追而继之。"言父母死后就受到子女以侍鬼之礼祭祀的供奉。

〔19〕是以天下和平：和平，和睦，太平。《群书治要》郑注云："上

下无怨，故和平。"

〔20〕灾害不生：天违反时令，为灾，就是风雨不节。地违反常理为妖，妖将害物，就是水旱，损伤禾稼。《释名·释天》言："害，割也，如割削物也。"《群书治要》郑注言："风雨顺时，百谷成熟。"

〔21〕祸乱不作：祸，指鬼神作祟为害。《说文解字》云："祸，害也，神不福也。"乱，指地位低者反抗地位高者。《左传》文公七年："兵作于内为乱。"作，兴起，出现。《群书治要》郑注云："君惠臣忠，父慈子孝，是以祸乱无缘得起也。"唐玄宗注云："上敬下欢，存安没享，人用和睦，以致太平，则灾害祸乱，无因而起。"《论语·学而》："有子曰：'其为人也孝弟，而好犯上者鲜也。不好犯上，而好作乱者，未之有也。君子务本，本立而道生。孝弟也者，其为仁之本与！'"

〔22〕故明王之以孝治天下也如此：言天下和平，灾害不生，祸乱不作，都是明王用孝道治理天下才实现的。《疏》云："《正义》云言明王以孝为理(治)，则诸侯以下，化而行之者。案上文有明王、诸侯、大夫三等，而《经》独言明王孝治如此者，言由明王之故也。则诸侯以下，奉而行之，而功归于明王也。云故致如此福应者，福谓天下和平，应谓灾害不生、祸乱不作。"

〔23〕《诗》：此处指《诗经·大雅·抑》，据说，这是卫武公讥刺周厉王并用以自警的诗。

〔24〕有觉德行：觉，大也。德行，崇高的道德行为。意为天子果真有崇高的道德和孝义的行为。

〔25〕四国顺之：顺，通训，化的意思。此四国指天下各地。句意为，天下各地都会因此而被训化，而服从他的统治。《诗经·笺》云："有大德行，则天下顺从其政，言在上所以倡导。"

【译文】

孔子说："古时的圣明天子依靠孝道治理天下，即使当小诸侯国的大夫前来聘问时，都给予很有礼节的接待，而不敢忘忽，何况是对于爵位尊贵的公、侯、伯、子、男这些诸侯呢？所以能得到所有诸侯国的欢欣奉戴，而主动按照各自的职责，前来宗庙助祭历代先王。

"在天子的影响下，治理国家的诸侯们以孝道治国，对最为卑微的鳏夫、寡妇都不敢有所轻慢，何况是对待有身份的士人和庶民呢？因此能得到全国民众的欢欣拥戴，而主动恭敬地献物给诸侯以祭祀诸侯先君。

　　"在天子的影响下，治理家族的卿大夫们以孝道治家，对最为贱下的男仆女婢都不敢不知其心思，而丧失必要的礼节，何况对于家中贵为亲之主的妻子和亲之后的儿子呢？所以能得到全家人的欢欣拥戴，而主动自觉地帮助其侍奉父母尊亲。

　　"天子、诸侯、卿大夫都能这样以孝道治天下、治侯国和治家族，所以，天下的父母尊亲在世时得到子女家人以亲礼奉养的安乐，逝世后得到子女家人以鬼礼祭祀的供奉，因此，天下、侯国、家族上下都和睦太平，风调雨顺，百谷成熟，没有灾害出现，君惠臣忠，父慈子孝，不会出现神降之祸和犯上作乱。这些，都是明王以孝道治天下才出现的啊！

　　"《诗经·大雅·抑》中说道：'天子果真有崇高的道德和正义的行为，天下各地都会被其训化，而顺从其政治。'"

圣治章第九

【题解】

　　圣治，就是圣人如何利用孝道使社会得到最好的治理。主要论说圣人周公是如何行孝而使天下得到治理的。

　　这一章由曾子问圣人的德行有没有比孝行更重大的，而引起孔子对孝道作用的更深层次的论说。首先阐明天地之间的一切生灵中人是最尊贵的，而人的行为中孝是最重大的，孝道中最重要的是尊崇父亲，尊崇父亲的孝行中最重要的是父亡后以之配享上天。通过层层推论，终于道出行孝道而使天下得到治理的最光辉榜样是圣人周公。然后讲圣人君子顺应人们孝敬父母的自然之性以推行其教化和政令，使社会得到治理。在位君子的一切言谈举止行为都要合于德义，给民众作出榜样，就能成就道德教化和顺畅地推行政令。

　　曾子曰："敢问圣人之德[1]，无以加于孝乎[2]?"

　　子曰："天地之性，人为贵[3]。人之行，莫大于孝[4]。孝莫大于严父[5]，严父莫大于配天[6]，则周公其人也[7]！

　　"昔者，周公郊祀后稷以配天[8]，宗祀文王于明堂以配上帝[9]。是以四海之内，各以其职来祭[10]。夫圣人之德，又何以加于孝乎?

　　"故亲生之膝下[11]，以养父母日严[12]。圣人因严以教敬，因亲以教爱[13]。圣人之教，不肃而成[14]，其政不严而治[15]，其所因者，本也[16]。

"父子之道，天性也[17]，君臣之义也[18]。父母生之，续莫大焉[19]！君亲临之，厚莫重焉[20]！

"故不爱其亲，而爱他人者，谓之悖德[21]。不敬其亲，而敬他人者，谓之悖礼[22]。以顺则逆，民无则焉[23]！不在于善，而皆在于凶德[24]，虽得之，君子不贵也[25]！

"君子则不然[26]，言思可道[27]，行思可乐[28]，德义可尊[29]，作事可法[30]，容止可观[31]，进退可度[32]。以临其民[33]，是以其民畏而爱之，则而象之[34]。故能成其德教，而行其政令[35]。

"《诗》云[36]：'淑人君子，其仪不忒[37]。'"

【注释】

〔1〕敢：谦词，有冒昧、大胆的意思。圣人：据下文，指周公旦。此句为曾参对其师孔子提问，故以敢问来表示其敬意。

〔2〕无以加于孝乎：没有比孝道更重要的吗？加，更，高于，大于，在其上。这句问话的目的，是引出孔子孝道为最高道德的论说。司马光《进〈古文孝经指解〉表》言："臣闻圣人之德，莫加于孝。犹江河之有源，草木之有本。源远则流大，本固则叶繁。是以由古及今，臣畜四海，未有孝不先隆，而能宣昭功化者也。"

〔3〕天地之性，人为贵：天地之间的千万生物，人是最贵重的。性，生，性命，生命，生灵。古人认为，性即命，天性即天命。《礼记·中庸》言："天命之谓性。"《疏》言："天命之谓性者，天本无体，亦无言语之命，但人感自然而生，有贤愚吉凶，若天之付命，遣使之然，故云天命。"意为人的吉凶贤愚都是天定的。这里有浓厚的天命观。但这种解释与"人为贵"一说有不相协调之处，故不取。我们将性理解为自然的生命，即一切生物。人和各种生物都是得到天地之气才有了形体，得到天地之理才有了生命特性，故称天地之性。但各种生物的特性又是不同的，有的蠢笨，有的灵敏。只有人得到了天地的全部神灵之气，有德行，可以与天地同等，而称之为三才之一，这是人区别于其他生物的

根本之处。所以说，天地之性，人为贵。《尚书·泰誓上》言："惟天地万物之母，惟人万物之灵。"《礼记·礼运》言："故人者，其天地之德，阴阳之交，鬼神之会，五行之秀气也。"又言："故人者，天地之心也，五行之端也，食味、别声、被色而生者也。"《礼记·祭义》言："天之所生，地之所养，无人为大。"《曾子·大孝》言："夫孝者，天下之大经也。夫孝，置之而塞于天地，衡之而衡于四海，施诸后世而无朝夕。推而放诸东海而准，推而放诸西海而准，推而放诸南海而准，推而放诸北海而准。《诗》云：'自西而东，自南而北，无思不服'，此之谓也。"董仲舒《天人三策》之三言："人受命于天，固超然异于群生，入有父子兄弟之亲，出有君臣上下之谊，会聚相遇则有耆老长幼之施；粲然有文以相接，欢然有恩以相爱，此人之所以贵也。生五谷以食之，桑麻以衣之，六畜以养之，服牛乘马，圈豹槛虎，是其得天之灵，贵于物也。故孔子曰：'天地之性，人为贵。'"都是讲的这些意思。

〔4〕人之行，莫大于孝：人的行为没有什么比孝行更重要的。莫，没有什么。《群书治要》郑注引用《开宗明义章》句，云："'孝者，德之本也。'又何加焉。"言人之所以为天地间之最贵重者，是因为人讲究道德，而孝是道德的根本，故而人的行为，最重要的是孝行。董仲舒《天人三策》之三言："明于天性，知自贵于物；知自贵于物，然后知仁谊；知仁谊，然后重礼节；重礼节，然后安处善；安处善，然后乐循理；乐循理，然后谓之君子。故孔子曰：'不知命，亡以为君子'，此之谓也。"

〔5〕孝莫大于严父：孝行没有比尊崇父亲更重要的了。严，尊，尊崇，尊敬。严父，尊崇尊敬父亲。《孟子·万章上》言："孝子之至，莫大乎尊亲；尊亲之至，莫大乎以天下养。为天子父，尊之至也。以天下养，养之至也。《诗》曰'永言孝思，孝思惟则'，此之谓也。"

〔6〕严父莫大于配天：尊崇父亲没有比以父亲拟比于上天和父亲亡后将其配享于上天更重要的了。配，有匹配和配享二义。匹配，等同，比拟。配享，是在主要祭祀对象之外附带祭祀的对象。周代礼制，每年冬至在郊外祭祀上天，同时祭祀父祖先王，这就是配天之礼。古人认为天是最伟大的，父亲是最值得尊崇的，父亲在世时孝子将其视为自己的天，父亲死后孝子以其配享上天，是孝子对父亲最大的尊崇。《群书治要》郑注言："尊严其父，莫大于配天。生事爱敬，死为神主也。"《正义》言："万物资始于乾者。《易》云：'大哉乾元，万物资始'是也。云人伦资父为天者，《曲礼》曰：'父之仇弗与共戴天。'郑元（玄）云：'父者，子之天也。杀己之天，与共戴天，非孝子也。'杜预《左氏传

注》曰:'妇人在室则天父,出则天夫。'是人伦资父为天也。"

〔7〕则周公其人也:那么周公就是这样的人。意为,以父配天之礼是从周公开始的。周公名旦,周文王的儿子,周武王的弟弟。他辅佐文王使周的力量壮大,辅佐武王灭殷。武王死后,成王年幼,他摄行周政,平定了管叔和蔡叔的反叛,安定了淮夷,营建成周洛邑,制定礼乐制度。在成王成年后,归政于成王,又无私地辅佐成王,巩固了周的政权,被儒家视为最高的典范。周公始制以祖配天之礼,事见《诗·周颂·思文》云:"思文后稷,克配彼天。"《礼记·祭法》言:"有虞氏禘黄帝而郊喾,祖颛顼而宗尧。夏后氏亦禘黄帝而郊鲧,祖颛顼而宗禹。殷人禘喾而郊冥,祖契而宗汤。周人禘喾而郊稷,祖文王而宗武王。"郑注:"有虞氏以上尚德,禘郊祖宗配用有德者而已。自夏已下,稍用其姓。"据此,则有虞以前配天的只要是有德者,不一定是同姓。自夏以后虽是同姓,但不一定是其始祖和父亲。周始有以始祖和父亲配天之礼。而周礼定于周公,故称周公其人也。《汉书·平当传》载平当上书言:"夫孝子善述人之志,周公既成文、武之业而制作礼乐,修严父配天之事,知文王不欲以子临父,故推而序之,上极于后稷而以配天。此圣人之德,亡以加于孝也。"是对周公其事的最明晰的解释。

〔8〕周公郊祀后稷以配天:周公在摄政郊祀祭天时以周人始祖后稷配祭。郊,又称圜丘,为祭天之名。《礼记·郊特牲》言:"郊之祭也,迎长日之至也。大报天而主日也。兆于南郊,就阳位也。"据此,之所以将祭天称为郊,是因为该祭在南郊进行。后稷,周人始祖,据传说,他是帝喾正妃姜原的儿子,名弃。弃在帝舜时担任农师,号称后稷,教民耕稼有功,分封于邰(tái 台,今陕西武功西南)。《郊特牲》亦言:"卜郊,受命于祖庙,作龟于祢宫,尊祖亲考之义也。"

〔9〕宗祀文王于明堂以配上帝:在明堂聚宗族祭祀上帝时,以亡父文王配享。宗祀,聚集宗族进行祭祀。文王,姓姬名昌,周公之父,号西伯。他继承后稷、公刘的事业,仁慈爱民,礼贤下士,发展了周的势力,树立了崇高的威望,为灭商奠定了基础。明堂,是古代帝王宣明政教的地方。大凡朝会、祭祀、庆赏、选士、养老、教学等大典,都在此举行。关于古代明堂的建制,历代礼家和学者众说纷纭。汉高诱、蔡邕和晋纪瞻都以明堂、清庙、太庙、太室、太学、辟雍为一事。隋宇文恺考证,最早的明堂是神农时所建,只有屋顶而无四面之墙,十分简陋。明堂在唐虞时称为天府,在夏时称为世室,在殷时名为重屋,到周时才定名为明堂。周代明堂有八窗四闼,上圆下方,九室十二阶。上圆象天,

下方法地，九室合九州之数，十二阶合一年有十二月之数。明堂在国都之南，南是明阳之地，故称明堂。上帝，即五方之帝。旧说周公在明堂祭祀五方上帝，乃尊亡父文王以配享。五方上帝，指东方青帝灵威仰，南方赤帝赤熛怒，西方白帝白招拒，北方黑帝汁光纪，中央黄帝含枢纽。《诗·周颂·我将》序："我将，祀文王于明堂也。"诗言："我将我享，维牛维羊，维天其右之。仪式刑文王之典，日靖四方。伊嘏文王，既右飨之。我其夙夜，畏天之威，于时保之。"前人称后稷为天地主，文王为五帝宗，故祭天以后稷配享，祭上帝以文王配享。

〔10〕四海之内各以其职来祭：天下诸侯各自按照其职位规定进贡物品，来协助天子祭祀。四海之内，指天下的诸侯。职，即职贡，四方向王朝的贡献。传说，大禹将天下划分为九州，按三等九类进贡物品，又将天下诸侯按其距帝畿的远近分为五服，其中甸、侯、绥三服，都要进纳不同的物品。周贡制为，侯畿贡祀物，甸畿贡嫔物，男畿贡器物，采畿贡服物，卫畿贡财物，蛮畿夷畿贡货物，合称六贡。来祭，古文本作"来助祭"。诸侯向王朝进贡的物品主要是用于祭天地祖宗的。《群书治要》郑注言："周公行孝朝，越裳重译来贡，是得万国之欢心。"《诗·周颂·清庙》序言："清庙，祀文王也。周公既成洛邑，朝诸侯，率以祀文王焉。"据说，当时前来助祭的有天下一千八百诸侯。

〔11〕亲生之膝下：亲，爱，亲近爱戴。生，产生，萌生。膝下，膝盖以下，因人幼年时常依赖于父母膝下，故以喻孩童之时。意为人们亲近热爱父母的心情，在幼年时已经自然产生。《孟子·尽心上》言："孟子曰：人之所不学而能者，其良能也。所不虑而知者，其良知也。孩提之童，无不知爱其亲者。及其长也，无不知敬其兄也。亲亲仁仁，敬长义也。无他，达之天下也。"明人项霦《孝经述注》言："孩提之童，无不知爱其亲，自生育膝下，侍奉父母，渐长则严敬之心日加。"

〔12〕以养父母日严：长大成人供养父母日益尊崇父母。养，奉养。日严，一天比一天更为尊崇孝敬。但隋时古文本"日严"作"曰严"。意为，这就叫做尊崇父母。隋刘炫《孝经述议》残卷言："是故人以己身是亲所生育之，得至成长，以此尊养父母，名之曰严。言天下之人，自然有严亲之意。"

〔13〕圣人因严以教敬，因亲以教爱：因，以，由于。《群书治要》郑注言："因人尊严其父教之为敬，因亲近于其父教之为爱，顺人情也。"意为，圣人由于人们有对父亲的尊崇而教育人们懂得敬畏，由于人们有对母亲的亲近而教育人们懂得爱戴。古人认为，子女对父母的敬

爱有所区别，对父亲为爱与敬，对母亲仅为爱。本书《士章》言："资于事父以事母而爱同，资于事父以事君而敬同。故母取其爱，而君取其敬，兼之者父也。"即为此意。此句中的敬与爱，都是升华为理性的一种情感，并成为王朝的礼法加以制度化。司马光言："严亲者，因心自然；恭敬者，约之以礼。"圣人的这种做法是顺应人情天性施行教化。

〔14〕圣人之教，不肃而成：圣人的教化，不必采取严厉的措施就能成功。圣人，指古代的圣明君王，此处指周公。肃，峻急，严厉。成，成功，取得成效。《群书治要》郑注言："圣人因人情而教民，民皆乐之，故不肃而成也。"

〔15〕其政不严而治：政，政治法令，指对国家的管理。治，治理，即社会安定，天下太平。《群书治要》郑注言："其身正，不令而行，故不严而治也。"

〔16〕其所因者，本也：其，指圣人。本，根本，此处指道德的根本孝道。《群书治要》郑注："本谓孝也。"全句意为，这是由于圣人所凭借的是孝道这个道德的根本。

〔17〕父子之道，天性也：父子之间有着血肉相连的亲情，由此形成的父慈子孝相亲相近的关系，是人的一种自然的属性。道，理，事理，此处指父子之间的人伦关系。《礼记·礼运》言："何谓人义？父慈、子孝、兄良、弟弟、夫义、妇听、长惠、幼顺、君仁、臣忠，十者谓之人义。"《群书治要》郑注释："性，常也。"即平常，自然。

〔18〕君臣之义也：义，合宜的行为。《群书治要》郑注言："君臣非有天性，但义合耳。"意为父子之间的这种关系中含有君臣关系的义理。君礼臣忠是儒家关于君臣关系的基本主张。《论语·八佾》载："孔子对曰：君使臣以礼，臣事君以忠。"《礼记·礼器》言："天地之祭，宗庙之事，父子之道，君臣之义，伦也。"《孟子·公孙丑下》载："景子曰：内则父子，外则君臣，人之大伦也。父子主恩，君臣主敬。"《庄子·人间世》载："仲尼曰：天下有大戒二，其一命也，其一义也。子之爱亲，命也，不可解（懈）于心。臣之事君，义也，无适而非君也，无所逃于天地之间。是之谓大戒。是以，夫事其亲者，不择地而安之，孝之至也；夫事其君者，不择事而安之，忠之盛也。"

〔19〕父母生之，续莫大焉：言父母生养了子女，子女再传续后代，使宗族血脉不至绝断，是孝道中最重大的事。古人知道长生不老是不可能的，因此，把自己生命的延续，寄托于子孙的繁衍上，故而提出不能繁衍后代是最大的不孝。续，继，传，指续先传后，人类的自身繁衍。焉，于之，在这件事上。莫大焉，没有比这更重大的事了。《孟子·离

娄下》："孟子曰：不孝有三，无后为大。"注云："于礼有不孝者三事：阿意曲从，陷亲不义，一不孝也；家穷亲老，不为禄仕，二不孝也；不娶无子，绝先祖祀，三不孝也。三者之中，无后为大。"

〔20〕君亲临之，厚莫重焉：临，以上对下。厚，深重，重要。历代对本句中的"亲"字有不同的解释。有释为亲自的，有释为亲人，即父亲的。《易·家人卦》言："家人有严君焉，父母之谓也。"以父母为严君。故而《群书治要》郑注释此句言："君亲择贤，显之以爵，宠之以禄，厚之至也。"属前一说，意为，国君亲自从臣民中选择贤能，赐爵以显其名，任官以予俸禄，这就犹如父亲对待子女，是多么深重的恩惠呀。但此释与上文所讲父子之道不相协调，有节外生枝之嫌。唐玄宗注言："谓父为君，以临于己，恩义之厚，莫重于斯。"意为父亲在儿子面前，有国君与父亲的双重意义的身份，既有着国君般的威严，又有着血肉的亲情，在人与人的关系上，没有比这更为深重的恩了。考虑到本章名《圣治》，又不宜完全否定此句中有论君主的意思。故而《正义》调和二说，言："此章既陈圣治，则事系于人君也。按，《礼记·文王世子》称，昔者周公摄政，抗世子法于伯禽，使之与成王居，欲令成王知父子君臣之义。君之于世子也，亲则父也，尊则君也，有父之亲，有君之尊，然后兼天下而有之者，言既有天性之恩，又有君臣之义，厚重莫过于此也。"也可说通。

〔21〕故不爱其亲，而爱他人者，谓之悖德：悖（bèi 倍），背，违背。悖德，违背公认的道德准则。他人，即他人之亲。隋刘炫《孝经述议》言："世人之道，必先亲后疏，重近亲远。不能爱敬其亲而能爱敬他人，自古以来恐无此。"明吕维祺《孝经本义》言："德主爱，礼主敬，爱敬之心，厚于一本。故必爱敬其亲，而后推以爱敬他人，则于礼不悖，而谓之顺。若不爱敬其亲，而先以爱敬他人，虽亦是德、是礼，然其于德礼也，悖矣。悖则谓之逆。"意思是人们的孝行中最重要的是对自己父母的爱戴，如果不爱自己的父母却爱他人的父母，也是违背孝道准则的。

〔22〕悖礼：违背礼义。

〔23〕以顺则逆：是"以之顺民，民则逆"的省文。顺，使动用法。则，就。意为，以悖德悖礼的行事去教化民众，企图使民众顺从，就会造成逆乱。《群书治要》郑注言："以悖为顺，则逆乱道也。"民无则焉：则，规矩，榜样。意为，民众就没有了规范和榜样，而不知道怎样去做才是对的。唐玄宗注："行教以顺人心。今自逆之，则下无所法则。"

〔24〕不在于善，而皆在于凶德：在，居，处。在此处有亲身实行的意思。善，善行，即上文之爱敬亲人的孝行。凶德，昏乱无法，即违背

道德。唐玄宗注言："善谓身行爱敬也，凶谓悖其德礼也。"全句意为，不去实施爱敬父母的孝行，而用昏乱无道的手段去治理国家。《群书治要》郑注言："恶人不能以礼为善，乃化为恶。若桀、纣是也。"认为夏桀和商纣这两个末代君主，就是这种背德悖礼而使民众无所措手足的恶人。

〔25〕虽得之，君子不贵也：得，得到，得意，得志。君子，泛指贤者，有识者。《群书治要》本"君子"后有"所"字。贵，重视，赞赏。不贵，鄙视，厌恶，看不起。全句意为，上边的这种如夏桀商纣的人即使一时得志，因为他是不符合道德规范的，所以君子也不会看得起他。

〔26〕君子则不然：然，如此，这样，指上述悖礼乱德的行为。上段概述了以夏桀商纣为代表的恶人的行事，揭示了反面的典型。此段则鲜明地提出有识贤能君子与圣明君主所应具有和实行的六项品德行为。

〔27〕言思可道：说话要经过慎重思考，一定要合乎道义，能被人传颂称道。言，语言，说出来的话。思，思想，考虑。道，称颂。《群书治要》郑注言："君子不为逆乱之道，言中《诗》、《书》，故可传道也。"

〔28〕行思可乐：行，行动，做事。行动之前要经过慎重思考，一定要合乎规矩，能使别人高兴。《群书治要》郑注言："动中规矩，故可乐也。"《礼记·中庸》："唯天下至圣，为能聪明睿智，足以有临也；宽裕温柔，足以有容也；发强刚毅，足以有执也；齐庄中正，足以有敬也；文理密察，足以有别也。见而民莫不敬，言而民莫不信，行而民莫不说（悦）。"

〔29〕德义可尊：立德行义，能令人尊崇。《群书治要》郑注言："可尊法也。"孔传言："立德行义，不违道正，故可尊也。"《疏》引刘炫言："德者，得于理也。义者，宜于事也。得理在于身，宜事见（现）于外，谓理得事宜，行道守正，故能为人所尊也。"此句及下数句皆顺承上两句而来。因其言思可道，行思可乐，故而能建立崇高的道德，行为合乎义理，从而令人尊崇。

〔30〕作事可法：作，制作，造作。事，事业，物事。法，效法，学习。言君子制定制度或建造用品，都能使民众效法。《群书治要》郑注言："可法则也。"唐玄宗注："制作事业，动得物宜，故可法也。"邢疏言："作谓造立也，事谓施为也。《易》曰，举而措之天下之民，谓之事业。言能作众物之端，为器用之式，造立于己，成式于物，物得其宜，故能使人作法象也。"

〔31〕容止可观：容止，容貌和举止。观，看，仰望。言君子的音容笑貌和一举一动都要合于礼仪节度，可以为民众所观摩。《群书治要》郑注言："威仪中礼，故可观。"唐玄宗注："容止，威仪也，必合规矩，则可观也。"《论语·泰伯》曾子曰："君子所贵乎道者三：动容貌，斯远暴慢矣；正颜色，斯近信矣；出辞气，斯远鄙倍矣。"

〔32〕进退可度：度，量度。可度，指步子的大小，有一定的长短，转身的动作，合于一定的角度。意为，君子的一进一退，都经得起民众的推敲检验。唐玄宗注言："进退，动静也，不越礼法，则可度也。"《礼记·中庸》言："礼仪三百，威仪三千，待其人然后行。"《礼记·玉藻》："周还中规，折还中矩。"《群书治要》郑注对进退有另外的解释，他说："难进而尽忠，易退而补过。"将进退理解为政治上的前进和后退，言要重视在朝堂为仕，一旦为仕就要整天考虑如何尽己忠心；（在必要时）要勇于辞退官位回家闲居，这时要更多地考虑如何补救过失。《易·艮卦》："象曰：艮，止也。时止则止，时行则行，动静不失其时，其道光明。"《礼记·表记》言："子曰：事君难进而易退，则位有序；易进而难退，则乱也。故君子三揖而进，一辞而退，以远乱也。"

〔33〕以临其民：临，在此为统治、管理的意思。言君子实行以上六事，来统治和管理民众。

〔34〕是以其民畏而爱之，则而象之：畏，畏惧，敬畏，因其有威严不敢犯之。象，模仿，效法，因其有仪象而模仿他。意为，因此民众敬畏他而又爱戴他，将他作为准则而仿效他。《左传》襄公三十一年，北宫文子对曰："有威而可畏谓之威，有仪而可象谓之仪。君有君之威仪，其臣畏而爱之，则而象之，故能有其国家，令闻长世。臣有臣之威仪，其下畏而爱之，故能守其官职，保族宜家。顺是以下皆如是，是以上下能相固也。《卫诗》曰：'威仪棣棣，不可选也。'言君臣上下、父子兄弟、内外大小，皆有威仪也。""故君子在位可畏，施舍可爱，进退可度，周旋可则，容止可观，作事可法，德行可象，声气可乐，动作有文，言语有章，以临其下，谓之有威仪也。"

〔35〕故能成其德教，而行其政令：德教，以道德施行教化，与专制暴虐统治相对的一种统治方法。意为，所以能够成就其对民众的道德教化，而顺利地推行实施其政策法令。唐玄宗注："上正身以率下，下顺上而法之，则德教成而政令行也。"

〔36〕《诗》：以下诗文，见《诗·曹风·鸤(shī 失)鸠》。据说这是民众讽刺在位者无君子，而用心不一。

〔37〕淑人君子，其仪不忒：淑，美好，善良。淑人，有德行的人。

君子，指有道德、有才干的人。仪，仪表，仪容。忒（tè 特），差错。意为，凡是有德行的淑人和有见识的君子，他的仪容礼貌都不会有差错。

【译文】

曾子说："我能冒昧地问一句，圣人的德行难道没有比孝道更重要的吗？"

孔子答道："天地间的千万生物，最贵重的是人。人的行为，没有比孝行更加重要的。而孝行中又没有比尊崇父亲更重要的行为了。尊崇父亲没有比其在世时将其视为天，在其死后以其配享上天更重要的了，而周公旦就是这样的人。他在郊祀祭祀上天时以其始祖后稷配享，在明堂聚族祭祀五帝时以其父文王配享。所以，天下的诸侯不论远近都以其贡品前来助祭。圣人的德行，哪里还有比孝行更大的呢？

"子女亲爱父母的心情是孩童时自然形成的，长大以后奉养父母更日益尊崇父母。圣人由于人们都尊崇其父而教导他们懂得敬畏，由于人们都亲近其母而教导他们懂得爱戴。因而圣人的教化不必采取严厉的措施就能成功，圣人的政令不必实行苛刻的办法就能使社会得到治理。这是由于圣人所凭借的是孝道这个道德的根本。

"父子之间父慈子孝的关系是合乎天道自然的，其中也蕴涵有君礼臣忠的义理。父母生养了自己，自己再传宗接代，这是孝道中第一要紧的事。父亲对于儿子既有着犹似国君的威严，又有着血脉的亲情，在人伦关系中，没有比这更厚重的了。

"所以说，不亲爱自己的父母而去亲爱别人父母，是一种违背道德的行为。不尊敬自己的父母而去尊敬别人父母，是一种违背礼义的行为。自己背德悖礼，还想用以教化民众，使民众顺从，结果只会造成逆乱，使民众没有了规范和榜样。这种人即使得意于一时，君子也是要鄙夷厌恶他的。

"君子就不是这样。君子说话要经过慎重考虑，要能使民众传颂称道；君子做事要经过慎重考虑，要能使民众高兴；君子立德行义，要能令民众尊崇；君子制定制度和建造物业，要能使民众效法；君子的容貌举止，要能令民众瞻仰观摩；君子的一进一退，要能经得起民众的推敲检验。君子这样去统领民众，民众敬畏他而且爱戴他，以他作为自己的榜样，去努力效法他。所以能够实现其以道德对民众的教化，而顺利推行其政治法令。

"《诗经》中说：'善人君子，容貌举止，毫无差错。'"

纪孝行章第十

【题解】

　　纪孝行，就是记录孝行的具体内容，论述什么是孝道的行为。本章提出，孝子在侍奉双亲时有五要三戒。五要为：一，在日常侍奉时要竭尽恭敬，二，在平常供养时要表现出快乐，三，在父母有病时要很忧愁，四，在办丧事时要极度哀痛，五，在祭祀时要表现严肃。三戒为：一，身处上位时要戒骄傲，二，身处下位时要戒作乱，三，身处贱位时要戒忿争。若非如此，就会造成自己的灭亡、受刑和杀戮，给父母带来耻辱和担忧，即使每天给父母吃得再好，也不能算是孝子。

　　子曰："孝子之事亲也，居则致其敬[1]，养则致其乐[2]，病则致其忧[3]，丧则致其哀[4]，祭则致其严[5]。五者备矣，然后能事亲。

　　"事亲者，居上不骄[6]，为下不乱[7]，在丑不争[8]。居上而骄则亡，为下而乱则刑，在丑而争则兵[9]。三者不除，虽日用三牲之养[10]，犹为不孝也[11]。"

【注释】

　　〔1〕居则致其敬：居，平常家居。致，极尽，尽量。其，他（孝子）的。意为，孝子在居家的日常生活中，要以最大的敬意去侍奉父母。《曾子·立孝》中说："君子之孝也，忠爱以敬，反是乱也。尽力而有礼，庄敬而安之。"子女从内心深处尊敬父母是因为父母给了自己的生命和一切。《礼记·祭礼》言："君子反古复始，不忘其所由生也。是以致其敬，发其情，竭力从事，以报其亲，不敢弗尽也。""曾子曰：身也者，父母之遗体也。行父母之遗体，敢不敬乎！"本段所言五点，古人

称之为孝子事亲的"五要"。其中首先强调的不是如何奉养，而是恭敬的态度，不应有不敬的心态和举动。《礼记·祭义》言："养可能也，敬为难。"《论语·为政》言："子游问孝。子曰：'今之孝者，是谓能养。至于犬马，皆能有养，不敬，何以别之。"对日常起居中事亲的具体做法，在《礼记·内则》中有详细的规定，已见《孝治章》注所引。《礼记·曲礼上》又言："凡为人子之礼，冬温而夏凊，昏定而晨省，在丑夷不争。"多为后代所奉行。先秦以曾参为最大的孝子。汉陆贾《新语·慎微》载："曾子孝于父母，昏定晨省，调寒温，适轻重，勉之于糜粥之间，行之于衽席之上，而德美重于后世。"

〔2〕养则致其乐：养，赡养，奉养，指进饮食、衣着等。乐，高兴。意为，要以最愉悦的心态和表情去奉养父母。《群书治要》郑注言："乐竭欢心，以事其亲。"这里实际上讲的还是态度问题，即绝不能给父母脸色看。《论语·为政》："子夏问孝。子曰：'色难。有事，弟子服其劳；有酒食，先生馔，曾是以为孝乎？'"可见在父母面前随时保持愉悦的心态和表情并不是很容易的。而要永远保持愉悦，关键是对父母要有发自内心的深切的敬爱。《礼记·祭义》言："孝子之有深爱者必有和气，有和气者必有愉色，有愉色者必有婉容。"《孟子·万章上》："大孝终身慕父母，五十而慕者，予于大舜见之矣。"奉养父母的具体内容，《吕氏春秋·孝行览》言，有养体、养目、养耳、养口、养志五道。

〔3〕病则致其忧：忧，忧虑，担心。意为在父母生病时要怀着忧伤焦虑之心去照料。《论语·为政》载："孟武伯问孝。子曰：'父母惟其疾之忧。'"王充《论衡·问孔》："武伯善忧父母，故曰，惟其疾之忧。"《淮南子·说林训》："忧父之疾者子，治之者医。"《礼记·文王世子》中，将文王和武王视为这方面的榜样，言，当文王的父亲王季有病时，文王"色忧，行不能正履。王季复膳，然后亦复初。""文王有疾，武王不说冠带而养，文王一饭亦一饭，文王再饭亦再饭。"

〔4〕丧则致其哀：丧，逝世。此处指父母去世，办理殓殡奠馔和拜踊哭泣等丧事的活动。《周礼·春官·大宗伯》言："以丧礼哀死亡。"哀，悲伤，痛心，追念父母的养育之恩，而倍感伤心。意为，当父母去世时要极尽悲哀痛心。《论语·尧曰》："所重：民、食、丧、祭。"《礼记·檀弓下》言："丧礼，哀戚之至也。辟踊，哀之至也。"《论语·阳货》："子曰：'夫君子之居丧，食旨不甘，闻乐不乐，居处不安，故不为也。'"孔传："亲既终没，思慕号啕，斩衰歠粥，卜兆祖葬，所谓致其哀也。"郑注："若亲丧亡，则攀号毁瘠，终其哀情也。"

〔5〕祭则致其严：祭，供奉神灵的活动或仪式。此处指在三年服丧期满之后供奉逝世的父母祖先。严，崇敬，庄重，肃穆。意为，在祭祀亡父亡母时，要极尽崇敬肃穆。上一章有"以养父母日严"句，这里强调祭祀去世的父母仍要严，是因为古代对孝子有"事死如事生，事亡如事存"的要求。《礼记·中庸》言："践其位，行其礼，奏其乐，敬其所尊，爱其所亲，事死如事生，事亡如事存，孝之至也。"至于祭祀时如何体现孝子的严，在《礼记·祭义》中言："孝子将祭祀，必有斋庄之心，以虑事，以具服物，以修宫室，以治百事。及祭之日，颜色必温，行必恐，如惧不及爱然。其奠之也，容貌必温，身必诎，如语焉而未之然。宿者皆出，其立卑静以正，如将弗见然。及祭之后，陶陶遂遂，如将复入然。是故慤善不违身，耳目不违心，思虑不违亲，结诸心，形诸色，而术省之，孝子之志也。"

〔6〕居上不骄：上，高位。居上，身居高位，主要指为诸侯国君。骄，骄傲自满。《群书治要》郑注言："虽尊为君，而不骄也。"意为，孝子即使身居国君之位，也不可骄傲自满，而要始终保持谦逊谨慎的态度。本段所言之三者，古人称之为孝子事亲的"三戒"。

〔7〕为下不乱：下，下位，在别人之下。为下，指为人臣下，如诸侯之与天子，卿大夫之与诸侯，士之与卿大夫，庶人之与士等。乱，反叛，作乱，犯上。《群书治要》郑注言："为人臣下，不敢为乱也。"《礼记·表记》言："事君可贵可贱，可富可贫，可生可杀，而不可使为乱。"意为，孝子如作臣民无论遇到何种情况都要恭恭敬敬地事侍上司，而不能反叛作乱。

〔8〕在丑不争：丑，古人解释为类，众，即卑贱。在丑，指处于低贱的地位，如奴仆隶役。争，忿争。《群书治要》郑注言："丑，类也，以为善，不忿争。"《礼记·曲礼》"在丑夷不争"。《疏》云："丑，众也。夫贵贱相临，则存畏惮，朋侪等辈，喜争胜负，亡身及亲，故宜诫之以不争。谓在众不忿争也。"意为，当孝子处于低贱地位时，要特别注意与别人和睦相处而不要忿争。

〔9〕兵：兵器，在此指用兵器相杀戮。

〔10〕日用三牲之养：日，每天。三牲，指猪、牛、羊。古人宴会或祭祀时用三牲，称为太牢，是最高等级的供奉。日用三牲之养，言给父母每天吃食的供给极为丰厚。

〔11〕犹为不孝：还是不孝顺。《群书治要》郑注云："夫爱亲者，不敢恶于人之亲，今反骄乱分争，虽日致三牲之养，岂得为孝子？"

【译文】

孔子说："作为孝子，侍奉自己的父母亲，当照料起居时要充分表达出对父母最大的敬意，当供给饭菜饮食时要保持最愉悦的心态和表情，当父母生病照料时要怀着最忧愁焦虑的心情，当父母去世办理燧殡奠馔和拜踊哭泣等丧事时要极尽悲哀痛惜的感情，当祭祀亡父亡母时要极尽崇敬肃穆的神情。这五个方面都做到了，然后才能算是侍奉父母尽了孝道。

"作为侍奉父母亲的孝子，当他处于如国君这样的高位时不可骄傲自满，当他处于臣下之位时不可反叛犯上，当他处于卑贱仆役地位时不可激忿相争。处于君位而骄横自傲就会遭致灭亡，处于臣下之位而犯上作乱就会被处以刑罚，处于卑贱仆役之位而激忿争斗就会被兵器戮杀。这三戒不除去，虽然每天给父母供给猪、牛、羊俱全的美味佳肴，还是不孝之子。"

五刑章第十一

【题解】

五刑，古代的五种刑法。《礼记·服问》言："罪多而刑五。"据说，五刑之设始于帝舜。《尚书·大禹谟》载："帝曰：皋陶，汝作士，明于五刑，以弼五教，期于予治。"历代对五种刑法的说法不尽相同。据《尚书·吕刑》载，周代的五刑指墨刑、劓（yì 义）刑、剕（fèi 费）刑、宫刑、大辟刑。墨刑，又称黥（qíng 情）刑，是在脸上刺字涂矾，使字变黑，且永远无法去除的刑法。劓刑，是割掉鼻子的刑法。剕刑，又称刖（yuè 月）刑，是割断足脚的刑法。宫刑，对男子是割去外阴睾丸，对女子是用重击使其子宫脱垂（或说是将其幽闭宫中，禁止与异性交往），从而破坏人的性功能的刑法。大辟刑是斩首。

上一章论什么是孝顺的行为，这一章则接着论什么是不孝的行为。指出最大的罪行是不孝。大不孝有三，一是胁迫君主，二是诽谤圣人，三是非议别人的孝行。认为，这三不孝，是天下一切祸乱的根源。本来，不孝是指在家庭中具体对待自己父母的行为。这里却将其推广至社会的主要方面，包括对待国君、对待圣人言论和对待他人孝行的看法。从而突出了孝道在维护社会秩序和国家安定中的作用。有其积极的一面。但是，所谓要君无上、非圣无法，就是无论国君如何都不许人们对其有所不满乃至反抗，无论圣人的言论如何都不许人们对其提出不同意见，这就禁锢了人们的思想和行动，成为人们的精神枷锁，是不可取的。

子曰："五刑之属三千[1]，而罪莫大于不孝[2]。要君者无上[3]，非圣人者无法[4]，非孝者无亲[5]。此大乱之道也[6]。"

【注释】

〔1〕五刑之属三千：处以五刑的罪行共有三千条。《尚书·吕刑》言："墨罚之属千，劓罚之属千，剕罚之属五百，宫罚之属三百，大辟之罚其属二百。五刑之属三千。"即处以墨刑的罪行有一千条，处以劓刑的罪行有一千条，处以剕刑的罪行有五百条，处以宫刑的罪行有三百条，处以大辟之刑的罪行有二百条。处以五刑的罪行合计为三千条。《经典释文》郑注言："穿窬（yú 娱）盗窃者劓，劫贼伤人者墨，男女不以礼交者宫割，坏人垣墙开人关钥者剕，手杀人者大辟。"

〔2〕罪莫大于不孝：所有应处以五刑的三千条罪行中没有比不孝更重的罪行了。即不孝为罪恶之极。此句言不孝之罪，不在三千罪行之中。刘炫《孝经述议》残卷说："江左名臣袁宏、谢安、王献之、殷仲文之徒皆云，五刑之罪，可得而名，不孝之罪，不可得名，故在三千之外。"何谓不孝？《孟子·离娄下》言："孟子曰，世俗所谓不孝者五：惰其四肢，不顾父母之养，一不孝也；博弈好饮酒，不顾父母之养，二不孝也；好货财，私妻子，不顾父母之养，三不孝也；从（纵）耳目之欲，以为父母戮，四不孝也；好勇斗很（狠），以危父母，五不孝也。"古代对不孝甚至杀其亲者处罚极重。《周礼·秋官司寇·掌戮职》言："凡杀其亲者，焚之。"睡虎地秦墓竹简《法律答问》规定："免老告人以为不孝，谒杀，当三环之不？不当环，亟执勿失。"意思是对不孝的子弟，不必经过三次原宥的手续，就直接判以死刑。《汉书·匈奴传下》："（王）莽作焚如之刑，烧杀陈良等。"如淳注："焚如、死如、弃如者，谓不孝子也。不畜于父母，不容于朋友，故烧杀弃之，莽依此作刑名也。"

〔3〕要君者无上：要（yāo 腰），强求，要挟，胁迫，有所依仗而强硬要求。者，指代人。无上，藐视君上，即目无君长，反对或侵凌君长。《群书治要》郑注云："事君，先事而后食禄。今反要君，此无君上之道。"《论语·宪问》"子曰：臧文仲以防求为后于鲁，虽曰不要君，吾不信也。"孔子之言意为，臧文仲凭借他的采邑防城，请求立其子弟嗣为鲁国卿大夫，纵然有人说他不是要挟鲁国国君，我也不相信。《易·离卦》"象曰：日昃之离，何可久也。九四，突如其来如，焚如，死如，弃如。"疏："焚如者，逼近至尊，履非其位，欲进其盛，以焚炎其上，故曰焚如也。死如者，既焚其上，命必不全，故云死如也。弃如者，违于离道，无应无承，众所不容，故云弃如也。是以象云无所容也。"惠栋《易经古解》引郑玄说："震为长子爻，失正不知其所。如不孝之罪，五刑莫大焉，得用议贵之辟，刑若如所犯之罪。焚如杀其亲之刑，死如杀人之刑也，弃如流宥之刑也。"《礼记·檀弓下》鲁定公言："臣弑君，

凡在官者，杀无赦。子弑父，凡在官者，杀无赦。杀其人，坏其室，洿其官而猪焉。"阮福《孝经义疏补》引阮元之言："志在《春秋》，为弑君父者，严刑法也。"这是在儒家经典中对要君弑父的分析与处罚。

〔4〕非圣人者无法：非，责难，诽谤，诋毁。圣人，具有最高道德标准的人。非圣，就是对周公、孔子等所谓圣人的言论、著述提出不同见解。无法，藐视法纪，心目中没有法律礼制。《群书治要》郑注言："非侮圣人者，不可法。"唐玄宗注："圣人制作礼乐，而敢非之，是无法也。"

〔5〕非孝者无亲：非，非议，不赞成。非孝，诽谤他人的孝行。无亲，郑注释为不可亲。《群书治要》郑注言："己不自孝，又非他人为孝，不可亲。"而邢《疏》释为："孝为百行之本，敢有非毁之者，是无亲爱之心。"意为，既然诽谤他人的孝行，他自己就不可能有亲近爱戴父母之心。似以后者为是。

〔6〕此大乱之道：大乱，最严重的祸患悖乱。道，根源，意为导致大乱。《群书治要》郑注言："事君不忠，侮圣人言，非孝者，大乱之道也。"《公羊传》文公十三年，何休解诂："死刑有轻重也。无尊上，非圣人，不孝者，斩首枭之。"

【译文】

孔子说："应处以墨、劓、刖、宫、大辟这五种刑法的罪行有三千条，所有这些罪行中没有比不孝更严重的罪行了。胁迫君长的人是目无君长，诋毁圣人的人是目无法礼，自己不孝又诽谤他人孝行的人是没有亲近爱戴父母的心。这三种不孝是造成天下一切严重祸乱的根源。"

广要道章第十二

【题解】

广，推广，阐发。要道，最为重要的道德，以一统万的当然之理。第一章中孔子开宗明义提出："先王有至德要道。"本章，即为对此语的进一步阐发，论述为什么称孝道为天下最重要最根本的道德。

这一章纯粹是站在国君的立场，论述孝道是实现治国安君的最好的方法。首先论说，实现要道必须注重四点，一是以行孝道教民亲爱，二是以行悌道教民礼顺，三是以音乐教民移风易俗，四是以礼治理民众安定君心。这四条中，最重要的是礼，而礼，说到底是一个敬字。文章一方面由此将礼与孝联系了起来，另一方面引起下文所言敬人之父、兄、君，就会使千万为人子者、为人弟者、为人臣者悦服，从而实现天下太平的目标。

子曰："教民亲爱，莫善于孝[1]。教民礼顺，莫善于悌[2]。移风易俗，莫善于乐[3]。安上治民，莫善于礼[4]。

"礼者，敬而已也[5]。故敬其父则子悦[6]，敬其兄则弟悦，敬其君则臣悦。敬一人而千万人悦[7]，所敬者寡，而悦者众[8]。此之谓要道也[9]。"

【注释】

〔1〕教民亲爱，莫善于孝：教，教育，教化。亲爱，亲善仁爱。意为，国君要想教化人民使他们能相亲相爱，并爱戴国君，最好的办法是国君自己行孝道。在孔子看来，教化臣下和民众的最好方法，莫过于国

君自己的榜样。《论语·颜渊》载："季康子问政于孔子曰：'如杀无道，以就有道，何如？'孔子对曰：'子为政，焉用杀？子欲善而民善矣。君子之德风，小人之德草。草上之风，必偃。'"《论语·为政》载："或谓孔子曰：'子奚不为政？'子曰：'《书》云，孝乎惟孝，友于兄弟，施于有政。是亦为政，奚其为为政？'"所以在本章中讲，教民亲爱，莫善于孝，国君能行孝道，亲爱自己的父母，民众就会仿效和学习他，亲爱各自的父母，进而亲爱别人和国君。人们都能相亲相爱，社会就会安定和平了。

〔2〕教民礼顺，莫善于悌：礼，遵循礼义。顺，顺从，顺序，即遵循贵贱尊卑上卜长幼的等级秩序和制度规范。《荀子·礼论》言："故礼者，养也。君子既得其养，又好其别。曷谓别？曰，贵贱有等，长幼有差，贫富轻重，皆有称者也。"又言："礼有三本，天地者生之本也，先祖者类之本也，君师者治之本也。故礼，上事天，下事地，尊先祖而隆君师，是礼之三本也。"悌，又写作弟，弟弟对兄长的敬爱顺从。《经典释文》言："弟，人之行次也。"《论语·学而》载："子曰：弟子入则孝，出则悌，谨而信，泛爱众。"

〔3〕移风易俗，莫善于乐（yuè 岳）：移，改变。风，风气。易，更换。俗，习俗。移风易俗，指改变旧的不良的社会风气和恶劣习俗，而推行新的合乎礼教的风气和习俗。乐，指音乐。儒家认为，音乐生于人情人性，通于伦理政治，故而特别重视音乐对陶冶人心、净化社会风气和维持社会等级秩序的作用。《礼记·乐记》言："先王之制礼乐也，非以极口腹耳目之欲也，将以教民平好恶，而反人道之正也。"又言："乐由中出故静，礼自外作故文。大乐必易，大礼必简。乐至则无怨，礼至则不争，揖让而治天下者，礼乐之谓也。暴民不作，诸侯宾服，兵革不试，五刑不用，百姓无患，天子不怒，如此则乐达矣。合父子之亲，明长幼之序，以敬四海之内，天子如此，则礼行矣。"又说："乐也者，圣人之所乐也。而可以善民心，其感人深，其移风易俗，故先王著其教焉。"所以，《群书治要》郑注云："夫乐者，感人情。乐正则心正，乐淫则心淫也。"

〔4〕安上治民，莫善于礼：安，安定，安心。上，国君。安上，使国君安心，而不烦恼。民众不反叛，社会太平，国君就能安心。治民，使民众得到治理。儒家特别重视礼制的作用，《群书治要》郑注言："上好礼，则民易使。"唐玄宗注言："礼所以正君臣父子之别，明男女长幼之序，故可以安上化下也。"《白虎通义·礼乐》言："王者所以盛礼乐何？节文之喜怒。乐以象天，礼以法地。人无不含天地之气，有五常之

性者。故乐所以荡涤，反其邪恶也。礼所以防淫佚，节其侈靡也。故《孝经》曰，'安上治民，莫善于礼。移风易俗，莫善于乐。'"

〔5〕礼者，敬而已矣：《孟子·告子上》："恭敬之心，礼也。"《群书治要》郑注言："敬，礼之本，有何加焉。"意为，礼的含义，说到底，就是一个敬字。

〔6〕故敬其父则子悦：悦，高兴。意为，作为儿子来说，如果国君敬重自己的父亲，他就会感到很高兴。本句及此下三句的主语皆为国君。

〔7〕敬一人而千万人悦：一人，指上文所言之父、兄、君。千万人，言人数之多，非实数。此处指无数的为人子者、为人弟者、为人臣者。此句为对上三句的总结。唐玄宗注言："居上敬下，尽得欢心，故曰悦也。"

〔8〕所敬者寡，而悦者众：寡，少。《群书治要》郑注言："所敬一人，是其少；千万人悦，是其众。"即对国君来说，他所要礼敬的人很少，而对此感到高兴的人却非常多。

〔9〕此之谓要道也：《群书治要》郑注言："孝悌以教之，礼乐以化之，此谓要道也。"意为，这就是我所说的孝道是天下最根本最重要的道德呀。此句既为本章的总结，也是对第一章中"先王有至德要道"的呼应和进一步阐释。

【译文】

孔子说："国君想教育人民相亲相爱，没有比国君自己行孝道、孝敬爱戴父母更好的办法了。国君要想教育人民遵循礼节、顺从年长者和上司，没有比国君自己行悌道、恭敬顺从兄长更好的办法了。国君要想改变社会上旧的风气和恶劣的习俗，没有比使用音乐去陶冶感化更好的办法了。国君要想使自己安定、使民众得到治理，没有比国君自己遵循礼制更好的办法了。

"礼的含义，说到底，就是一个敬字。所以，国君礼敬他人的父亲，作为其子的人一定会高兴；礼敬他人的兄长，作为其弟的人一定会高兴；礼敬别国的国君，作为其臣子的人一定会高兴。国君其实只礼敬了一个人，就会有千万人对此感到高兴。国君所礼敬的人很少，而对此感到高兴的人却很多，这就是我所说的孝道是天下最重要的道德呀！"

广至德章第十三

　　至德，至高无上的道德。广至德，是进一步阐发至高无上的道德。上一章论要道，这一章论至德，仍是呼应第一章"先王有至德要道"的问语，并深入阐发为什么说孝道是天下最为高尚的道德。

　　文中认为，天子以孝道教化人民，并不需要每天自己亲自到民众中间去宣传教育，而是要在孝、悌和臣三方面做出榜样，从而教育天下人都去崇敬父母、顺敬兄长、敬事君上。这样，天下的父母都会受到子女的敬爱，这就是天子有至德的最好体现和最大的作用。由于弟弟尊敬兄长的悌道和臣下尊敬君主的臣道，都是孝道的推广，所以我们说，这一章论述的其实还是天子如何利用孝道去影响全社会，治理天下。

　　子曰："君子之教以孝也[1]，非家至而日见之也[2]。教以孝，所以敬天下之为人父者也[3]。教以悌，所以敬天下之为人兄者也。教以臣[4]，所以敬天下之为人君者也。

　　"《诗》云[5]：'恺悌君子，民之父母'[6]，非至德，其孰能顺民如此其大者乎[7]?"

【注释】
　　〔1〕君子之教以孝：君子，由下文看，此处君子指天子。教以孝，以孝行教，指用孝道去教化民众。
　　〔2〕非家至而日见之：非，不是。家至，到家，即一家一户都亲自拜访。日见之，每天都见他，即每天都当面指教为人子者如何行孝。

《群书治要》郑注："但行孝于内，流化于外也。"意为，只要国君自己在宫中谨行孝道，自然会感化全社会的人都去向自己的父母尽孝。《礼记·乡饮酒义》言："民知尊长养老，而后乃能入孝弟。民入孝弟，出尊长养老，而后成教，成教而后国可安也。君子之所谓孝者，非家至而日见之也。合诸乡射，教之乡饮酒之礼，而孝弟之行立矣。"则提出通过一些诸如乡饮酒礼的民间活动，去教化民众行孝。

〔3〕教以孝，所以敬天下之为人父者也：所以，表示原因。教育天下人尊敬为人父者的方法，除了前章说，天子要尊敬自己的父母以作出表率外，另一种方法就是敬老。《群书治要》郑注言："天子父事三老，所以敬天下老也。"古代天子有专门的敬老尊兄之礼。《礼记·王制》言："凡养老，有虞氏以燕礼，夏后氏以飨礼，殷人以食礼，周人修而兼用之。五十养于乡，六十养于国，七十养于学，达于诸侯。"《白虎通义·乡射》言："王者父事三老，兄事五更者何？欲陈孝悌之德，以示天下也。故虽天子必有尊也，言有父也；必有先也，言有兄也。天子临辟雍，亲袒割牲，尊三老，父象也。竭忠奉几杖，授安车濡轮，恭绥执授，兄事五更，宠接礼交，加客谦敬，顺貌也。《礼记·祭义》曰，祀于明堂，所以教诸侯之孝也。享三老五更于太学者，所以教诸侯悌也。"何谓三老五更？陆德明《经典释文》言："三老五更，谓老人知三德五事者。"《礼记·乐记》言："食三老五更于大学，天子袒而割牲。执酱而馈，执爵而酳（yìn 印，食毕用酒漱口），冕而总干，所以教诸侯之弟也。"

〔4〕教以臣：臣，此处指作为臣下的品德和行为要求，即忠诚与敬仰。教以臣，指天子以如何作臣的道理教化臣下，其具体方法是在祭天和祭祖时作出为臣的榜样。《群书治要》郑注言："天子郊则君事天，庙则君事尸，所以教天下臣。"意为天子在郊外行祭天之礼，是自己作为上天的臣下君事上天的一种活动，天子在宗庙行祭祖之礼，是自己作为祖先的臣下君事祖先的一种活动，这样做的原因是给天下诸侯作出如何尊敬君长当好人臣的榜样。

〔5〕《诗》：下引诗句，见《诗经·大雅·泂（jiǒng 迥）酌》。据说，此诗是西周时召康公为了戒勉周康王所作。

〔6〕恺悌君子，民之父母：恺悌，和善安详、平易近人的样子。对民之父母，历来学者理解不一。《群书治要》郑注言："以上三者教于天下，真民之父母。"唐玄宗注："取君以乐易之道化人，则为天下苍生之父母也。"二者皆以恺悌之君子为万民的父母。而《礼记·表记》载："子言之，君子之所谓仁者，其难乎！《诗》云，'恺弟君子，民之父

母。'恺以强教之，弟以说（悦）安之，乐而毋荒，有礼而亲，威庄而安，孝慈而敬，使民有父之尊，有母之亲。如此而后可以为民父母矣。非至德，其孰能如此乎！"则是认为恺悌君子使万民有父之尊，有母之亲。从上文看，恐以后者为是。

〔7〕其孰能顺民如此其大者乎：孰，谁，何。顺民，适合民心，顺应民意，指顺应万民都有的孝敬父母的本心。《群书治要》郑注言："至德之君，能行此三者，教于天下也。"

【译文】

孔子说："天子用孝道去教化民众，并不需要亲自到一家一户去拜访，也不必每天亲自手把手地教那些为人子者如何行孝。（而是要通过自己的孝道行为去感召，通过乡饮酒礼等活动去影响。）天子在辟雍亲自像崇敬自己的父亲一样去侍奉三老，其目的是想影响天下为人子者都去孝敬自己的父亲。天子在辟雍亲自像对待自己的兄长一样去侍奉五更，其目的是想影响天下为人弟者都去尊敬自己的兄长。天子在郊外祭祀对上天行臣子之礼，在宗庙祭祀对祖先行臣子之礼，其原因是给天下诸侯作出如何尊敬君长当好人臣的榜样。

"《诗经·大雅·泂酌》中说：'和善安详、平易近人的君子呀，他使万民有了为父之尊、为母之亲。'如果不是具有孝道这一至高无上的道德，谁能顺应民心达到如此伟大的功效！"

广扬名章第十四

【题解】

在第一章中，已经有"立身行道，扬名于后世"的话语。此章则是进一步阐扬和发挥其义理，论述孝道与扬名后世的关系。其实质是，以扬名后世作为诱导人们行孝和修身的手段。

在孔子看来，要想扬名后世，必须在家庭中养成好的品德和治理好家事。而要实现这三者，一要事亲孝，二要事兄悌，三要居家理。因为，事亲孝就能事君忠，事兄悌就能事长顺，居家理就能居官治。而事君忠、事长顺、居官治，又必然能在社会上取得威望，在事业上获得成功。说到底，一个人的名声，根源于他自身的道德修养，而道德修养的核心是孝道。这就将孝道与扬名千古紧密地联系到一起了。

子曰："君子之事亲孝，故忠可移于君[1]；事兄悌，故顺可移于长[2]；居家理，故治可移于官[3]。是以行成于内[4]，而名立于后世矣[5]！"

【注释】

〔1〕君子之事亲孝，故忠可移于君：移，转移，此处指道德对象的转移。《群书治要》郑注："欲求忠臣，出孝子之门，故可移于君。"忠，忠诚，积极尽力，此处指古代对人臣的一种道德规范。《韩诗外传》言："忠之道有三，有大忠，有次忠，有下忠。以道覆君而化之，大忠也。以德调君而辅之，次忠也。以是谏非而怨之，下忠也。"古人对行孝有一系列要求，其中就包括事君忠。《礼记·祭统》言："忠臣以事其君，孝子以事其亲，其本一也。"《吕氏春秋·孝行览》言："人臣孝，则事君忠。"《礼记·祭义》载："曾子曰：身也者，父母之遗体也。行父母之遗体，敢不敬乎！居处不庄，非孝也。事君不忠，非孝也。莅官不敬，

非孝也。朋友不信，非孝也。战陈（阵）无勇，非孝也。五者不遂，灾及于亲，敢不敬乎！"

〔2〕事兄悌，故顺可移于长：顺，依循，顺从。明吕维祺《孝经翼》言："按，经中每言顺，一曰以顺天下，再曰以顺天下，又曰四国顺之。顺民如此其大，何也？顺者，孝之归也。孝亲者，聚百顺。故孝治天下者，亦顺而已矣。顺则和，和则无怨，是以欢心众，而亲安之。"长，年长者。古人将悌视为孝的内容之一。《论语·为政》引佚《书》曰："孝乎惟孝，友于兄弟，施于有政。"《群书治要》郑注言："以敬事兄则顺，故可移于长也。"意为孝子在家以崇敬之心处理与其兄长的关系，到了社会上自然会将这种感情转移于其他的年长者，而对其和顺服从。

〔3〕居家理，故治可移于官：理，正，治理。居家理，指处理家事有条有理，家务管理得好。儒家治学目标是修身、齐家、治国、平天下。《礼记·大学》言："古之欲明明德于天下者，先治其国；欲治其国者，先齐其家；欲齐其家者，先修其身。"《孟子·离娄上》言："孟子曰，人有恒言，皆曰天下国家。天下之本在国，国之本在家，家之本在身。"由于家庭是社会的一个细胞，而个人都是在一定的家庭中生活的，故而将治理家庭与和悦家人，看作是一般人治理社会能力的一种表现。能将家庭治理好的人，担任官职就能胜任，使其职务所辖得到治理。《群书治要》郑注言："君子所居则化，所在则治，故可移于官也。"

〔4〕是以行成于内：行，行为，指事亲孝、事兄悌和居家理的活动。成，成效，成功。内，指家庭之内。意为，君子在家庭中养成美好的品德，其道德的作用得到发挥、取得成绩。

〔5〕名立于后世：名，名誉，美好的名声。立，建立，树立。儒家十分注重留美名于后世。《论语·卫灵公》："子曰：'君子疾没世而名不称焉。'"而要想留名后世，最根本的是其自身的道德修养，有了很好的道德修养，生前就会有适宜的名誉、地位和财富，死后就可以流芳百世。所以，从一定意义上说，死后留名，是其生前立功立德的必然结果。《礼记·中庸》载："子曰：舜其大孝也与！德为圣人，尊为天子，富有四海之内，宗庙飨之，子孙保之。故大德必得其位，必得其禄，必得其名，必得其寿。"

【译文】

孔子说："君子在家中侍奉父母能竭尽孝道，就能将对父母的孝心转移为侍奉国君的忠诚。君子在家对兄长能竭尽悌道，就能将对兄长的恭敬转移为对待天下年长者的和顺服从。君子在家能将复杂的家务管好,使家庭和睦,就能将治家的手段转移于官位,治理好一方。君子能在家庭中尽孝、行悌,治家做出成绩,就能在社会上建功立业,美好的声名永远传扬于后世。"

谏诤章第十五

【题解】

　　谏诤，也写作谏争，是通过直言规劝去制止人的过失，一般指居下位者对居上位者的规劝。汉刘向《说苑·臣术》言："有能谏言于君，用则留之，不用则去之，谓之谏；用则可生，不用则死，谓之诤。"

　　这一章还是论述孝道的内容。与以前各章不同的是，以前各章多论说的是顺，而这一章论说的是逆，就是孝子要对父母的不义行为进行劝谏，而不是无条件地顺从。本章先以曾参的提问来引出话题，即本章的中心内容，子女完全顺从父亲的意见，是不是孝。孔子的答语，连用了两句"这是什么话"对其进行了彻底的否定。孔子列举了古代天子、诸侯、大夫、士等各个不同层次的人，只要有人向他谏诤，就可以不出大事，而能保住其天下、其国、其家，说明谏诤在任何时候对任何人都是必要的，有效果的。儿子对父亲的行为也是如此。父亲的意见命令，有符合道义的，有不符合道义的，对其不符合道义的行为，坚持进行劝谏，这才是孝子应有的行为。因为，如果儿子对父亲的不义行为不谏诤、不制止，父亲就会因不义而受到危险、遭到侮辱，甚至做出禽兽不如的事来。出现了这样的后果，当然是孝子所不愿意的。所以，儿子对父亲的不义行为进行谏诤，是行孝应做的事，是保证父亲好名声所必须的，是孝道的内容之一。这一章的内容，体现了早期儒家思想中的积极因素，是本书中最为闪光的部分。但后来的儒家歪曲和阉割了这一民主思想精华，而代之以所谓"君为臣纲，父为子纲，夫为妻纲"的封建教条，成为古代社会束缚人们思想和行为的无形的绳索。三纲的思想，最早是董仲舒在其《春秋繁露·基义》中提出的。《白虎通义·三纲六纪》中解释道："三纲者何谓也？谓君臣、父子、夫妇也。故君为臣纲，父为子纲，夫为妻纲。"所谓父为子纲，就是子对父要绝对服从。有一位哲人说过，我播下的是龙种，收获的是跳蚤。儒家思想的演变，不也说明了这一点吗？

曾子曰："若夫慈爱、恭敬、安亲、扬名[1]，则闻命矣[2]。敢问子从父之令[3]，可谓孝乎？"

子曰："是何言与[4]？是何言与？昔者，天子有争臣七人[5]，虽无道，不失其天下[6]。诸侯有争臣五人，虽无道，不失其国[7]。大夫有争臣三人，虽无道，不失其家[8]。士有争友，则身不离于令名[9]。父有争子，则身不陷于不义[10]。故当不义，则子不可以不争于父，臣不可以不争于君[11]。故当不义则争之。从父之令，又焉得为孝乎[12]？"

【注释】

〔1〕若夫：句首语气词，用以引起下文。慈爱：亲爱。通常，慈指上对下之爱，但也可用于指下对上之爱。此处即指子女对父母之爱。阮福《孝经义疏补》言："子孝亲，亦曰慈。慈爱即孝爱也。故《曾子·大孝篇》曰，慈爱忘劳。即曾子传《孝经》之意。王氏引之《经义述闻》，历引《孟子》孝子慈孙，《齐语》慈孝于父母，《谥法解》慈惠爱亲曰孝，以证之，是也。"

〔2〕闻命：闻，听到。命，命令，指教。闻命，听过（先生的）教诲。因曾参为孔子弟子，故用此谦词表示听过老师的讲解。

〔3〕子从父之令：从，听从，服从。儿子无条件服从父亲的命令、意见。后来汉儒方有此说，以父亲作为儿子的纲纪，意思是儿子要绝对服从父亲，不得违抗。但当时孔子即有子为父隐之说，《论语·子路》载："叶公语孔子曰：'吾党有直躬者，其父攘羊，而子证之。'孔子曰：'吾党之直者异于是，父为子隐，子为父隐，直在其中矣。'"《礼记·檀弓上》载孔子语："事亲有隐而无犯。"这是孔子思想中极为矛盾的部分。大概，孔子的意思是，父亲有过错，儿子要替父亲隐瞒，以免父亲受到他人的侮辱。但同时，父亲有做错事的迹象或有过错，儿子又应向

父亲进谏，以予劝止。曾参熟悉孔子"子为父隐"的观点，故有此问。唐玄宗注言："事父有隐无犯，又敬不违，故疑而问之。"《经典释文》郑注言："孔子欲见（现）谏诤之端。"意为，曾参的这一句问话，是孔子想引出对谏诤的论述才设计的。

〔4〕是何言与：是，指示代词，指"子从父之令可谓孝"这种说法。何言与，什么话。表示否定的答语。以下重复一句"是何言与"，是更加强了否定的意思。意为，这是什么话？这是什么话？唐玄宗注言："有非而从，成父不义，理所不可，故再言之。"

〔5〕昔者，天子有争臣七人：《礼记·文王世子》言："虞夏商周，有师保，有疑丞，设四辅及三公，不必备，惟其人。"疏引《尚书大传》言："古者天子必有四邻，前曰疑，后曰丞，左曰辅，右曰弼。天子有问无以对，责之疑；可志而不志，责之丞；可正而不正，责之辅；可扬而不扬，责之弼。其爵视卿，其禄视次国之君。"故而《群书治要》郑注言："七人者，谓大师、大保、大傅、左辅、右弼、前疑、后丞，维持王者，使不危殆。"则天子的辅政大臣为三公四辅，合为七人。三公为，太师、太保、太傅。四辅为，左辅、右弼、前疑、后丞。他们都有匡正天子，辅成政治，使王朝不至危亡的责任。争，同诤，照实说出其错误或不当，让其改正。争臣，敢于直言规劝君主的臣下。臣子如何向天子进行谏争？在古人看来，大概有两个层次，一是平时，《白虎通义·谏诤》载："孔子曰，谏有五：吾从讽之谏，事君进思尽忠，退思补过，去而不讪，谏而不露。"另一种是最终不得已时，不惜以自己的一死去劝谏君主改过。《礼记·文王世子》言："为人臣者，杀其身，有益于君，则为之。"

〔6〕虽无道，不失其天下：虽，虽然，即使。无道，暴虐，不遵行圣贤之教，不合乎传统的道德规范，没有德政。失，丧失，被灭。天下，天子为普天下人民的统治者，故以天下称其政权。《白虎通义·谏诤》言："天子置左辅、右弼、前疑、后丞以顺。左辅主修政刺不法，右弼主纠周言失倾，前疑主纠度定德经，后丞主匡正常考变。夫四弼兴道，率主行仁，故建三公。序曰，诤列七人，虽无道，不失天下，仗群贤也。"由于有七位争臣在天子左右，不断地进行谏争匡正，即使在位天子无道，也不会过分恶劣，因而王朝的政权也不至于丧失。

〔7〕诸侯有争臣五人，虽无道，不失其国：诸侯之争臣五人，说法不一。《疏》言："诸侯五者，孔传指天子所命之孤及三卿与上大夫。王肃指三卿、内史、外史，以充五人之数。"孤指孤卿，为天子派去辅佐诸侯的师、傅一类的官员。三卿，指诸侯国分管民事、军事和工事的司

徒、司马、司空。内史，又称左史，周王朝中的高级文职官员，负责记录天子言论，管理王朝著作简策、策命诸侯以及爵禄的废置等。外史，负责管理古代和各诸侯国的史书。史官都有以史事劝谏天子之职。春秋以后，诸侯国都设有内史和外史。国，指天子分封给诸侯的国土。不失其国，不会被削夺封地。

〔8〕大夫有争臣三人，虽无道，不失其家：据《疏》言，孔传称大夫之三位争臣为家相、宗老、侧室。王肃所言无侧室，有邑宰。先秦的大夫亦设有家臣，家相为辅助大夫对家族进行管理的家臣，宗老为家族中管理宗族事务的家臣，侧室，即庶子，指嫡长子外的儿子。邑宰，为大夫所居之邑的行政长官。家，家族。周代实行基于血缘关系的层层分封的制度，大夫实即为大家族的族长，故以其所统治之范围称为家。不失其家，就是不会丧失对祖宗的祭祀。关于天子、诸侯和大夫的争臣人数及其所指，似皆不必坐实。《疏》引隋刘炫言："案下文云，子不可不争于父，臣不可不争于君，则为子为臣，皆当谏争，岂独大臣当争，小臣不争乎？岂独长子当争其父，众子不争者乎？若父有十子，皆得谏争。王之百辟，唯许七人，是天子之佐，乃少于匹夫也？……此则凡在人臣，皆合谏也。夫子言天子有天下之广，七人则足，以见谏争功之大。故举少以言之也。然父有争子，士有争友，虽无定数，要一人为率。自下而上，稍增二人，则从上而下，当如礼之降杀，故举七、五、三人也。"

〔9〕士有争友，则身不离于令名：争友，能直言规劝自己的朋友。《群书治要》郑注言："士卑无臣，故以贤友助己。"朋友有好有坏。《论语·季氏》载："孔子曰，益者三友，损者三友。友直，友谅，友多闻，益也。友便辟，友善柔，友便佞，损矣。"有益的朋友，指正直的、信实的、见闻广博的三种人。这就是所谓的争友。不离，即不失，不会丧失。令，善，好。令名，好的名声、名誉。司马光言："益者三友，言受忠告，则其身不离远于善名矣。"对朋友进行规劝，也有一定的方法。《论语·颜渊》载："子贡问友。子曰：忠告而善道之，不可则止，毋自辱焉。"意思是，忠心地劝告他，耐心地开导他，如果他不听从，也就罢了，不要自找侮辱。

〔10〕父有争子，则身不陷于不义：陷，没，掉进去。儒家经典中多次讲到儿子规劝父母的方法，要反复劝谏，还要不失爱戴和顺从。《论语·里仁》："事父母几谏，见志不从，又敬不违，劳而不怨。"杨伯峻注："几，轻微，婉转。"《礼记·内则》言："父母有过，下气怡色，柔声以谏。谏若不入，起敬起孝，悦则复谏。不说，与其得罪于乡党州闾，宁孰谏！"《礼记·祭义》言："父母有过，谏而不逆。"对国君进谏和对

父母进谏是不同的。《礼记·曲礼下》言："为人臣之礼，不显谏，三谏而不听，则逃之。子之事亲也，三谏而不听，则号泣而随之。"意为人们可以离开国君，却无法离开自己的父母。对国君，谏三遍不被接受就可以逃离。而对父母不管谏多少次，都不能离开。什么是儿子应该向父母进谏的？荀子认为凡不义者皆必谏，具体讲，一是将使亲人陷于危险的不义，二是将使亲人陷于侮辱的不义，三是将使亲人陷于非人之行为的不义。在《荀子·子道》中言："入孝出弟，人之小行也。上顺下笃，人之中行也。从道不从君，从义不从父，人之大行也。若夫志以礼安，言以类接，则儒道毕矣，虽舜不能加毫末于是矣。孝子所以不从命有三：从命则亲危，不从命则亲安，孝子不从命，乃衷。从命则亲辱，不从命则亲荣，孝子不从命，乃义。从命则禽兽，不从命则修饰，孝子不从命，乃敬。故可以从而不从，是不子也。未可以从而从，是不衷也。明于从不从之义，而能致恭、敬、忠、信、端、悫以慎行之，则可谓大孝矣。"所以唐玄宗注言："父失则谏，故免陷于不义。"

〔11〕故当不义，则子不可以不争于父，臣不可以不争于君：当，面对，对着。争于父，向父亲进行规谏。《疏》引郑注云："君父有不义，臣子不谏诤，则亡国破家之道也。"谏争的目的是为国不亡、家不破，故而是必须的。

〔12〕从父之令，又焉得为孝乎：焉，怎么，哪里。《群书治要》郑注言："委曲从父命，善亦从善，恶亦从恶，而心有隐，岂得为孝乎！"意为，作为儿子，不管父亲做的事是好是坏，一律顺从，即使心里有不满之处，也委曲求全，实际上是将父亲推入了不义的陷阱之中，这种儿子，不能称作孝子，而是大不孝。

【译文】

曾参说："像那些关于慈爱父母、恭敬父母、安定父母和扬名于后世的道理，学生已经听过先生的教诲了。我还想冒昧地请教的是，儿子绝对听从父母的命令和意见，是不是孝道呢？"

孔子答道："这是什么话？这是什么话？过去，天子设置有三公、四辅的七位谏争大臣，即使天子没有德政，由于有七位争臣的匡正，也不至失去天下。诸侯设置有孤卿、三卿和上大夫这五位谏争大臣，即使诸侯没有德政，由于有这五位大臣的匡谏，也不至于丧失其封国。大夫设置有家相、宗老和邑宰这三位谏争家臣，即使大夫没有德政，由于有这三位家臣的匡谏，也不至于丧失其家族。为人父者，有敢于直言规劝的儿子，自身就不会陷入不义的行为之中。因此，在遇见父亲有不义的行为时，儿子不能不向父亲进行谏争，在国君有不义的行为时，臣子不能不向国君进行谏争。(因为，在遇到不义的时候，若子不谏父，臣不谏君，就会陷于家破国亡的无可挽回的境地。)所以，只要是不义行为，不论他是父亲还是国君，都要进行谏争。做儿子的如果一味地绝对服从父亲的命令，又怎么能算是孝子呢？"

感应章第十六

【题解】

　　感应，指神灵与人之间的相互影响、交相呼应。本章仍是讲孝道的作用，但这个作用已经不是人对人、人对社会的作用，而是人与天、与地、与祖先亡灵的相互感化，而发生的作用。文中认为，天子只要诚心尽孝，就能敬事上天，敬事地祇，敬事先祖亡灵，从而与上天、地祇和先祖亡灵相互感应，上天、地祇和先祖亡灵明察了天子的孝心和祭祀的诚心，就能降福来佑护人间，从而使风调雨顺，寒暑适宜，万物生长，五谷丰登，四海之内的民众，无不受天子孝道的感化，而都来归附，达到天、地、人三者和合的最高境界。当然，天人感应是不存在的。

　　子曰："昔者明王，事父孝，故事天明[1]；事母孝，故事地察[2]；长幼顺，故上下治[3]。天地明察，神明彰矣[4]。

　　"故虽天子必有尊也，言有父也[5]；必有先也，言有兄也[6]。宗庙致敬，不忘亲也[7]。修身慎行，恐辱先也[8]。宗庙致敬，鬼神著矣[9]。孝悌之至，通于神明，光于四海，无所不通[10]。

　　"《诗》云[11]：'自西自东，自南自北，无思不服[12]。'"

【注释】

　　〔1〕昔者明王，事父孝，故事天明：明王，圣明睿智的帝王。明，

明察，了解得非常清楚。此处有上对下、下对上都明察的意思。《阮部郎孝经义疏》言："明堂以祀天为最重，故名明堂。堂名曰明，即取明察之义。此章上文云事天明，即其本义也。《礼记·中庸》言其上下察也，与《孝经》明察之义相近，非有悟理也。"事天明，指圣明的帝王在郊祀上天时，因其能明其心迹，对上天毫无隐瞒，从而使上天能明了他对父亲的孝敬之心和对天的虔诚之心，受其感动而降福，使风调雨顺，寒暑适宜。在古代儒家哲学思想体系中以父为天，以母为地。《易·说卦》言："乾，天也，故称乎父。坤，地也，故称乎母。"因其有孝敬父亲的诚心，必然能将此转移为竭诚敬奉上天的尊崇之心。

〔2〕事母孝，故事地察：事地，指祭祀地神。杨泉《物理论》称："地者，底也，底之言著也，阴体下著也。其神曰祇，祇，成也，育生万物备成也。"又言："大而名之曰黄地祇，小而名之曰神州，亦名后土。"则古人称地神为地祇或后土。祭祀地神在社。《白虎通义·社稷》言："王者所以有社稷何？为天下求福报功。人非土不立，非谷不食。土地广博，不可遍敬也，故封土立社，示有土尊。……王者自亲祭社稷何？社者，土地之神也。土生万物，天下之所主也，尊重之，故自祭也。"察，为上句"明"字的换文，含义相同。《群书治要》郑注云："尽孝于母，能事地，察其高下，视其分察也。"因大地是孕育生长万物的载体，给人提供生存的基本物质条件，故天子要祭祀地神，以祈求万物生长茂盛。同时要明察天下地形高下和土质不同，以恰当地指导农事。

〔3〕长幼顺，故上下治：顺，顺序，合于礼的关系。长幼，指兄与弟。长幼顺，兄长与其弟的关系合于礼义，即兄爱弟敬。《左传》隐公三年石碏言："且夫贱妨贵，少陵长，远间亲，新间旧，小加大，淫破义，所谓六逆也。君义，臣行，父慈，子孝，兄爱，弟敬，所谓六顺也。"上下治，指社会中尊卑上下各个等级之间的关系处理得很好。上对下亲近，下对上恭顺。《群书治要》郑注云："卑事于尊，幼顺于长，故上下治。"

〔4〕天地明察，神明彰矣：神，指天地神灵。神明之明，指睿智的帝王。彰，显，显著，彰扬，有互相彰扬、降福保佑的意思。《群书治要》郑注云："事天能明，事地能察，德合天地，可谓彰也。"唐玄宗注言："事天地能明察，则神感至诚，而降福佑，故曰彰也。"意为，圣明的帝王通过祭祀，与天帝和地祇互相明察了解，从而天地的神灵之力与人间帝王的道德之心相互感应，天地降福祉于人间，帝王的崇高品德也感化人间，二者相得益彰，风调雨顺，天下太平，人民幸福安定。

〔5〕故虽天子必有尊也，言有父也：意为，天子本来是人间最尊贵

者，但即便如此，还有比天子更尊贵的人，就是说，他也有父亲。由于古代天子之位实行嫡长子继承制，父死后，其嫡长子才可以继承帝位，故而在一般情况下，天子不应有生身父亲仍在世供他孝敬。于是，就出现了对本章中所言天子之父指什么人的问题，古代注家对此有不同说法。《群书治要》郑注云："虽贵为天子，必有所尊，事之若父，三老是也。"意为天子之父事者指上文之三老。唐玄宗注云："父谓诸父，兄谓诸兄，皆祖考之胤也。礼，君宴族人，与父兄齿也。"这是说，天子之父，指其同族的父辈，即叔叔、伯伯等。两种说法都可通。天子对父辈必须十分尊崇，并尽天下的财力来供养。《孟子·万章上》："孝子之至，莫大乎尊亲。尊亲之至，莫大乎以天下养。为天子父，尊之至也。以天下养，养之至也。"

〔6〕必有先也，言有兄也：先，先后之先，前，比他早降生，即兄长。《群书治要》郑注云："必有所先，事之若兄者，五更是也。"言天子之兄事者为上文所言之五更。而注〔5〕所引唐玄宗注，则以为是其同祖乃至同父的诸兄，即叔伯兄弟和庶兄。在此，唐玄宗是根据自己的情况进行注释的。唐玄宗李隆基为唐睿宗李旦的第三子。《旧唐书·睿宗诸子传》载："初，玄宗兄弟圣历初出阁，列第于东都积善坊，五人分院同居，号'五王宅'。大足元年，从幸西京，赐宅于兴庆坊，亦号'五王宅'。及先天之后，兴庆是龙潜旧邸，因以为宫。玄宗于兴庆宫西南置楼，西面题曰'花萼相辉之楼'，南面题曰'勤政务本之楼'。玄宗时登楼，闻诸王音乐之声，咸召登楼同榻宴谑，或便幸其第，赐金分帛，厚其欢赏。游践之所，中使相望，以为天子友悌，近古无比，故人无间然。"

〔7〕宗庙致敬，不忘亲也：宗庙，为祭祀祖先之处。先秦天子设七庙，祭其始祖和三昭三穆，共七代祖先。《礼记·王制》言："天子七庙，三昭三穆，与太祖之庙而七。"昭穆，是当时始祖以下同族男子逐代相承的辈分名称，如曾祖为昭，祖父为穆，父亲为昭。天子所祭三昭三穆，指自其往上之六代父祖。致敬，指在宗庙祭祀时，充分表达天子对逝世先祖的崇敬之心。《群书治要》郑注云："设宗庙，四时斋戒，以祭之，不忘其亲。"

〔8〕修身慎行，恐辱先也：修身，对自己进行道德品质的修养。慎行，自己一举一动都十分谨慎，惟恐出差错。恐，怕，担心。先，先人，指其父亲、祖父等祖宗。辱先，对先人有所侮辱。这种侮辱，对常人来说，主要是自己受伤或犯罪，受伤使先人遗留给自己的肢体受到侮辱，犯罪会使先祖清白的名声受到侮辱。对天子来说，主要是丑恶残暴的行

为会使王朝在百姓中的威望有所降低，而遭致辱骂，甚至使王朝覆灭，先祖的宗庙被毁，先祖遗留下来的大业丧失，那是对先祖最大的侮辱。故而《群书治要》郑注云："修身者，不敢毁伤；慎行者，不历危殆，常恐其辱先也。"唐玄宗注言："天子虽无上于天下，犹修持其身，谨慎其行，恐辱先祖，而毁盛业也。"

〔9〕宗庙致敬，鬼神著矣：著，有两种解释。《群书治要》郑注云："事生者易，事死者难，圣人慎之，故重其文。"意为著是与上文之"彰"同义，整个句子都是与前句的重复。而唐玄宗注言："事宗庙能尽敬，则祖考来格，享于克诚，故曰著也。"意为著是附著的意思。鬼神，是指先人的魂灵。句意为，因天子祭祀祖宗十分礼敬，故而其祖先的魂灵都来附著享用，为天子祭祀的诚心所感动而赐以福佑。

〔10〕孝悌之至，通于神明，光于四海，无所不通：光，横，即充满，充斥，到处都是。四海，指东海、四海、南海、北海。《曾子·大孝》言："夫孝者，天下之大经也。夫孝，置之而塞于天地，衡之而衡于四海，施诸后世而无朝夕。推而放诸东海而准，推而放诸西海而准，推而放诸南海而准，推而放诸北海而准。诗云：'自西自东，自南自北，无思不服'，此之谓也。"通，达，到达。无所不通，指四海之内凡有人的地方，无不被其孝道所感化，连极远的民族都通过几道翻译，前来进献贡品。《群书治要》郑注云："孝至于天，则风雨时。孝至于地，则万物成。孝至于人，则重译来贡。故无所不通也！"

〔11〕《诗》：下引诗句见《诗经·大雅·文王有声》。据说，此诗是赞颂周文王的武功，并歌颂武王能够继承文王极好的声誉，完成其讨伐殷商的武功。

〔12〕自西自东，自南自北，无思不服：自西自东，自南自北，即由最西到最东，从极南到极北，天下四方，所有的地方。服，归附，服从。《诗》笺云："武王于镐京行辟雍之礼，自四方来观者，皆感化其德，心无不归服者。"故而《群书治要》郑注云："孝道流行，莫敢不服。"

【译文】

孔子说："过去，圣明睿智的帝王能够孝顺地侍奉父亲，所以当他在郊外圜丘祭祀上天时，极其诚敬，上天也因此能明察他的孝心和敬天的诚心。圣明睿智的帝王能够孝顺地侍奉母亲，所以当他在祭祀地神时，极其诚敬，地神也因此能明察他的孝心和敬地的诚心。圣明睿智的帝王对兄敬对弟爱，就能使天下尊卑贵贱上下的人都处理好关系。圣明的帝王通过祭祀，与天帝地神互相明察，天地神灵降福的佑护与帝王道德的感化，相得益彰。

"所以即使贵为天子，也有比他更尊贵的人，就是说，天子也有要孝敬的父辈。天子也有比他年长的亲人，就是说，天子也有自己的兄长。天子设宗庙，事先斋戒，四时进行祭祀，以充分表达对死去的先祖的崇敬之心，说明天子不敢忘记逝去的亲人们。天子也要时时自我修身养性，以提高自己的道德品质，还要谨慎自己的所作所为，以便为万民做出榜样。这样做的目的，是害怕自己不当的道德和行为造成的后果刘先人造成侮辱，甚至丧失祖宗留下来的社稷大业。天子设宗庙进行祭祀，以充分表达自己的崇敬之心，祖先的魂灵就会前来享用其祭奠的供品，并赐以福佑。天子行孝道尽善尽美，就能够与神灵互相通达，四海之内充满其道德的光辉，凡有人的地方无不受其孝道的感化，即使极边远的少数族人也通过几道翻译，前来朝贡，以表示衷心的臣服。

"《诗经·大雅·文王有声》中说：'由最东到最西，从最南到最北，天下之人，没有不被天子的孝义所感化，没有不归附的。'"

事君章第十七

【题解】

　　事君，指事奉国君。在《广扬名章》中曾论及君子以事亲之孝移于事君，以便建功立业、扬名于后世。本章则进一步深入论说君子应如何事君。提出，君子无论为官还是为民，在朝还是在野，都应以尽忠为事君的最基本的道德思想和行为。而尽忠，有对朝政提出好的建议，奉行国君的德政，发扬其圣德；有纠正国君的失误和国事的错误，以制止国君的恶行和暴政。这种一心忠君的君子，将会永远受到民众的爱戴。本章中所提出的君子事君要"进思尽忠，退思补过，将顺其美，匡救其恶"的要求，在历史上影响深远。

　　子曰："君子之事上也[1]，进思尽忠[2]，退思补过[3]，将顺其美[4]，匡救其恶[5]，故上下能相亲也[6]。
　　"《诗》云[7]：'心乎爱矣，遐不谓矣。中心藏之，何日忘之[8]！'"

【注释】

　　〔1〕君子之事上：君子，指有德行者。事，侍奉。上，此处指君主。唐玄宗注："上谓君也。"事上，侍奉君主。
　　〔2〕进思尽忠：进，指在朝廷为官。思，考虑。尽忠，竭尽对国君的忠诚，直至为其而死。《孝经郑注》言："死君之为尽忠。"臣下侍奉国君时的最高和最基本的道德要求是忠。《礼记·礼运》言："父慈、子孝、兄良、弟弟、夫义、妇听、长惠、幼顺、君仁、臣忠，十者，谓之人义。"何谓忠？《初学记》卷十七引《东观汉记》张堪言："仁者，百行之宗。忠者，礼义之宗。仁不遗旧，忠不忘君，行之高者。"《说文解字》心部言："忠，敬也，从心中声。"

〔3〕退思补过：退，退职闲居家中。补过，弥补自身的过失以更好地为君为国，或弥补国君与国家大事中的不当之处。按，对"进"、"退"二字所指，历来歧见颇大。一说，进指见君于朝廷，退指退朝回到家中。唐玄宗注："进见于君，则思尽忠。"《正义》引韦昭言："退归私室，则思补其身过。"即为此说。另一说，进指在朝廷做官，退指退职回家为民，孔传："退还所职，思其事宜，献可替否，以补主过。"《左传》宣公十二年，晋士贞子谏曰："（荀）林父之事君也，进思尽忠，退思补过，社稷之卫也。"疏引孔安国曰："进见于君，则必竭其忠贞之节，以图国事，直道正辞，有犯无隐。退还所职，思其事宜，献可替否，以补王过。"即为此说。第三说，前进或后退的策略手段，即以尽忠为进，以补过为退，非实指人行动的进见与退还。《左传正义》疏云："以尽忠为进，补过为退耳。非谓进见与退还也。"刘炫《孝经述义》言："炫以为，尽己之忠，无事不耳，非独进见于君方始尽也；补君之过，每处皆然，非独退还其职始思补也。""施之于君则称进，内省其身则称退。尽忠者，尽己之心，以进献于君；补过者，修己之心，以补君失。故以尽忠为进，补过为退耳，非谓进见与退还也。"意为，对此处的进退不可机械地予以理解。应该看到，这两句总的意思，是在任何场合，都要对君主尽忠。在朝尽忠，在职尽忠，以进谏尽忠，都是对国君尽忠。而在退朝后想国事的过失，在退职闲居后想自己的失误，都是为朝廷补过、关心国事的行为。但揣摩本章所引《诗经》之句意，则恐以第二说为当。因为该诗主要意思是，讽刺小人在朝中当道，而赞扬君子在野都能关心国事，思为国君尽忠。《孝经》本章既引此诗作结，可见作者本意是，进指任官在朝，退指在野为民。其他理解都不尽符合作者原意。范仲淹《岳阳楼记》言："嗟夫！余尝求古仁人之心，或异二者之为，何哉？不以物喜，不以己悲。居庙堂之高，则忧其民；处江湖之远，则忧其君。是进亦忧，退亦忧。"就是套用此意，将进谓为居庙堂之高，将退谓为处江湖之远。

〔4〕将顺其美：将，奉行，秉承。顺，顺从。有使动的意思，不仅自己顺从，还要使天下人顺从。美，好，正当，正确。唐玄宗注："将，行也。君有美善，则顺而行之。"意为对国君正确有益的政令，要毫不犹豫地奉行，使其德政能顺利地推广到各地。

〔5〕匡救其恶：匡，纠正，扶正。救，补救，弥补，制止。唐玄宗注言："匡，正也。救，止也。君有过恶，则正而止之。"意为，对国君的错误或不当要进行匡正或补救，使其受到制止。匡救国君的过失，主要用谏争的手段。谏争的方法，汉儒总结为五种。《白虎通义·谏诤》

载:"人怀五常,故有五谏,谓:讽谏,顺谏,窥谏,指谏,伯谏。讽者,智也。患祸之萌深,睹其事未彰,而讽告,此智性也。顺谏者,仁也。出辞逊顺,不逆君心,仁之性也。窥谏者,礼也。视君颜色不悦且却,悦则复前,以礼进退,此礼之性也。指谏者,信也。指质相其事也,此信之性也。伯谏者,义也。恻隐发于中,直言国之害,励志忘生,为君不避丧身,义之性也。"

〔6〕故上下能相亲也:上,国君。下,臣僚。《群书治要》郑注言:"君臣同心,故能相亲。"唐玄宗注:"下以忠事上,上以义接下,君臣同德,故能相亲。"意为,君子能够彰扬国君的美德,又能匡正国君的过失,无论何时何地对国君都是一片忠心,国君能以义对待臣僚,听从臣僚的意见,君臣之间紧密合作、相互信任而不猜忌,所以能互相亲爱。

〔7〕《诗》:下引诗句见《诗·小雅·隰(xí 媳)原》。据说,此诗写于周幽王时,当时小人当道,君子在野,民众怀念有德行的君子,赞颂他在位时,能尽忠于君,有益于民,而作此诗予以讽谏。

〔8〕心乎爱矣,遐不谓矣。中心藏之,何日忘之:乎,表感叹,可译为啊、呀。遐,远,指因君子不做官而居于很远的鄙野。谓,诉说。中心,心中,内心之中。之,指君子任官时的忠诚与为民的业绩。唐玄宗注言:"义取臣心爱君,虽离左右,不谓为远,爱君之志,恒藏心中,无日暂忘也。"将此诗句的主语指为君子,显然不当。因为从全诗意思分析,诵咏此诗句的是民众,故此句中爱戴君子的是民众,由于距离很远而无法当面向君子诉说爱戴之情的还是民众,心中深藏对君子爱戴的是民众,永远不会忘记君子对国君忠心和对民众好处的还是民众。本章以此诗句作结,意为民众永远不会忘记那些曾经忠心耿耿奉事于国君的德行君子。从而与前《广扬名章》中的"名立于后世"相呼应。

【译文】

孔子说:"贤人君子侍奉国君的做法:当他在朝廷中为官,要考虑如何竭尽自己的忠诚,甚至为之去死。当他离职为民后,要考虑如何纠正自己的过失,以便将来更好地为君尽忠,或考虑国君和国事的不当,以弥补失误的损失。对国君正确有益的政令,要积极奉行,使其德政得到顺利实施。对国君的过错和不当要加以纠正或补救,使其恶政暴行受到制止。由于国君能待臣下以义,而臣下能侍奉国君以忠,故而君臣之间紧密合作,互相亲爱。

"《诗·小雅·隰原》中写道:'我们民众的心中呀,是多么爱戴那位曾经任官忠君为民的君子呀，即使他现在远居于鄙野而无法当面向他诉说这种爱戴。我们心中深深地保藏着对君子的爱戴，什么时候也不会忘记的啊！'"

丧亲章第十八

【题解】

　　以上诸章多数讲的是如何在父母生前行孝，而本章则专门讲的是在父母死后行孝，从而作为孝子事亲的终结。本章中具体讲了在父母死后孝子在各种场合的行为和表情，总的意思是孝子要以最大的悲伤和哀痛之情去处理丧事，还要节哀，不可因过分哀痛而伤生，服丧不能超过三年。本章中还讲了从为亡故父母制作棺椁，入殓，到安葬、建庙祭祀的全部活动规范，表现了儒家重死厚葬的风气。本章最后四句总结全书，言作为孝子，父母在世时以爱敬之心去奉养，父母逝世后以哀痛之心去安葬，到此，孝子事生送死尽孝道的事就算终结了。

　　　子曰："孝子之丧亲也[1]，哭不偯[2]，礼无容[3]，言不文[4]，服美不安[5]，闻乐不乐[6]，食旨不甘[7]，此哀戚之情也[8]。三日而食[9]，教民无以死伤生，毁不灭性[10]，此圣人之政也。丧不过三年，示民有终也[11]。

　　　"为之棺、椁、衣、衾而举之[12]；陈其簠簋而哀戚之[13]；擗踊哭泣，哀以送之[14]；卜其宅兆，而安措之[15]；为之宗庙，以鬼享之[16]；春秋祭祀，以时思之[17]。

　　　"生事爱敬，死事哀戚，生民之本尽矣，死生之义备矣[18]，孝子之事亲终矣[19]。"

【注释】

〔1〕丧亲：丧，丧失，失去。丧亲，父母死去，孝子失去了生身父母。《礼记·杂记上》载："子贡问丧。子曰：'敬为上，哀次之，瘠为下。颜色称其情，戚容称其服。'"《论语·为政》："孟懿子问孝。子曰：'无违。'樊迟御，子告之曰：'孟孙问孝于我，我对曰，无违。'樊迟曰：'何谓也?'子曰：'生，事之以礼；死，葬之以礼，祭之以礼。'"

〔2〕哭不偯（yǐ 以）：偯，哭泣的尾声、余声，古人哭丧因与死者的亲疏关系不同而有不同的等级。《礼记·间传》载："斩衰（cuī 摧）之哭，若往而不反（返）；齐（zī 资）衰之哭，若往而反（返）；大功之哭，三曲而偯；小功缌（sī 思）麻，哀容可也。此哀之发于声音者也。"注言："三曲，一举声而三折也。偯，声余从容也。"孝子丧父，丧服为斩衰，其哭，应该好像去而不返回一样，就是哭声最为悲痛，以至好像要随父母死去而不愿再活着一样。《礼记·问丧》言："女子哭泣悲哀，击胸伤心；男子哭泣悲哀，稽颡触地无容，哀之至也。"这种哭，可以尽自己的感情去表现，而不似其他亲人有一定的规定，如大功（指男子为出嫁的姊妹和姑母，为堂兄弟和未嫁的堂姊妹等服丧）的哭，就是"三曲而偯"。照诸家解释，就是指哭声应该有抑扬顿挫的曲折，每三次曲折就拖一次长声。本文讲孝子哭父母之丧，应"哭不偯"。严可均辑《孝经郑注》言："气竭而息，声不委曲。"就是要比其他人哭得更伤心，以至气息竭促，哭声嘶哑没有了高低顿挫。《礼记·杂记下》载："曾申问于曾子曰：'哭父母有常声乎?'曰：'中路婴儿失其母焉，何常声之有?'"又言："童子哭不偯，不踊，不杖，不菲，不庐。"阮福《孝经义疏补》言："言童子不知礼节，但知遂声直哭，不能知哭之当偯不当偯，故云哭不偯，此处正与经文哭不偯同。"由此说来，哭不偯，是最为哀伤的哭泣，哭声没有一定的规矩，尤其不可以哭出抑扬顿挫的音调和拉长尾声，而显得从容做作。

〔3〕礼无容：容，仪容，指不同场合的特定的仪容要求。礼无容，指在办丧事、接待吊丧者时，不可如平时那样注重仪止和容貌。严可均辑《孝经郑注》言："父母之丧，不为趋翔，唯而不对。"是对本句的解释。所谓趋翔，《礼记·曲礼上》言："帷薄之外不趋，堂上不趋。"注言："不见尊者，行自由，不为容也。入则容行，而张足，曰趋。""为其迫也，堂下则趋。"趋，小步快行。翔，快行时手足动作很大。这都是子女见父母、卑者见尊者时，为表示尊重，而小步快行。当办丧事时，因孝子极为悲痛，故行动都应该相对缓慢，即使见了尊者，因沉浸于悲痛之中，而礼节简略，不必小步快行，在行动和面部表情上表现出对尊

者的尊敬。

〔4〕言不文：言，言语，说话。文，文饰，修饰。言不文，语言简单质朴，不加修饰。表示话语简略，不多说话。儒家著作中对人们在治丧期间的语言有明确的要求。严可均辑《孝经郑注》言："父母之丧，唯而不对。"《礼记·间传》载："斩衰唯而不对，齐衰对而不言，大功言而不议，小功缌麻议而不及乐。此哀之发于言语者也。"《礼记·杂记下》载："三年之丧，言而不语，对而不问，庐垩室之中，不与人坐焉。在垩室之中，非时见乎母也，不入门。"则孝子在治丧时，对他人的话，一般只表示首肯，而不回答其问话，更不向别人问询。即使说话，也非常简略，不加文饰。

〔5〕服美不安：服，穿着（服装）。美，好，指衣服的质地和纹饰美好。《经典释文》郑注言："去文绣，衣衰服也。"唐玄宗注："不安美饰，故服衰麻。"意为，孝子在办丧事时，心里悲痛至极，身上如果穿着质地优良、纹饰美艳的衣服，心中必将十分不安，因此要换上丧服。古代丧服按其与死者亲疏关系的不同，而分为五等。最重的是斩衰，穿生麻布做的不缝边的丧服，服期三年；其次齐衰，穿熟麻布做的缝边整齐的丧服，服期三月至三年；第三等大功，穿精细熟麻布做的丧服，服期九个月；第四等小功，服期五个月；最轻缌麻，服期三月。子女为父母服斩衰。《礼记·间传》载："斩衰何以服苴？苴，恶貌也，所以首其内而见诸外也。斩衰貌若苴，齐衰貌若枲，大功貌若止，小功缌麻，容貌可也。此哀之发于容体者也。"《白虎通义·丧服》言："丧礼必制衰麻何？以副意也。服以饰情，情貌相配，中外相应。故吉凶不同服，歌哭不同声，所以表中诚也。"这是对服丧者何以必须穿丧服的解释。

〔6〕闻乐(yuè 岳)不乐(lè 勒)：闻，听，听到。乐，音乐。乐，高兴。孝子由于丧失父母心中悲痛，即使听到欢快的音乐，也不会感到愉快。所以丧礼规定，孝子在服丧期间，不得演奏音乐。《礼记·杂记下》载："父有服，宫中子不与于乐。母有服，声闻焉不举乐。妻有服，不举乐于其侧。大功将至辟琴瑟，小功至不绝乐。"

〔7〕食旨不甘：旨，鲜美可口的食物。甘，香甜、鲜美的味觉。不甘，不以其味为甜美。《礼记·问丧》言："亲始死，鸡斯徒跣，扱上衽，交手哭，恻怛之心，痛疾之意。伤肾，干肝，焦肺，水浆不入口，三日不举火，故邻里为之糜粥以饮食之。夫悲哀在中，故形变于外也。痛疾在心，故口不甘味，身不安美也。"《礼记·杂记下》："丧食虽恶，必充饥。饥而废事，非礼也。饱而忘哀，亦非礼也。"《经典释文》郑注云："不尝咸酸，而食粥。"意为，在父母死后三天之内，孝子极为悲

痛，而不思饮食，故家中不可举炊烟做饭，邻居看到此情景，送来米粥，孝子必须不管其味道好坏，不用调和，而吃此粥。假若此时有美味佳肴送来，孝子因其悲痛之极，而没有食欲，不以其味为美。

〔8〕此哀戚之情也：哀，悲痛，悼念。戚，忧愁，悲哀。此句意为，以上六种表现都是孝子悼念、忧戚父母亡故之深情的必然流露。

〔9〕三日而食：即便在父母死后因心中极为悲痛而吃不下东西，到父母死后三天一定要压抑悲痛开始吃东西。《礼记·间传》载："斩衰三日不食，齐衰二日不食，大功三（顿）不食，小功缌麻再（两顿）不食，士与敛焉，则壹不食。故父母之丧，既殡食粥，朝一溢米，莫（暮）一溢米。齐衰之丧，疏食水饮，不食菜果。大功之丧，不食醯酱。小功缌麻，不饮醴酒。此哀之发于饮食者也。"刘炫言："三日之后乃食。"两处皆言孝子在三天后要开始吃东西。

〔10〕教民无以死伤生，毁不灭性：教，教训，教育，教导。民，指孝子。无，不，不要。以死伤身，因为父母的逝世而伤害了自己的身体。毁，哀痛过度而伤害了身体。《韩非子·内储说上》言："宋崇门之巷人服丧而毁，甚瘠。"瘠，消瘦。灭性，违背人性。毁不灭性，由于悲伤而不吃饭以至身体瘦弱，但不可过分，以至违背了人性，甚至因此而死。孔子反对孝子居丧因过度悲痛而有意作践自己的身体。《礼记·杂记下》："孔子曰：身有疡则浴，首有创则沐，病则饮酒食肉，毁瘠为病，君子弗为也。毁而死，君子谓之无子。"《礼记·曲礼上》："居丧之礼，毁瘠不形，视听不衰。"不形，不能瘦得露出骨头。《礼记·檀弓下》："毁不危身，为无后也。"意为过于伤心而毁了自己的生命，就会使父母没有了后代，这是最大的不孝。故唐玄宗注云："不食三日，哀毁过情，灭性而死，皆亏孝道。故圣人制礼施教，不令至于殒灭。"

〔11〕丧不过三年，示民有终也：丧，为父母服丧。示，给人看，让人知道。终，终结，终了。父母死，孝子会终生悲伤，但为父母服丧总应有个终结，故而古代规定，父亲死，子女为父亲服丧三年，实际上是二十五个月。为什么要服丧三年？孔子解释，是因为人到三岁时才能离开父母的怀抱，为了报答父母的养育之恩，所以要服丧三年。《论语·阳货》载，弟子宰我认为三年之丧时间太长了，孔子解释道："子生三年，然后免于父母之怀。夫三年之丧，天下之通丧也。予（即宰我）也有三年之爱于其父母乎？"《白虎通义·丧服》言："三年之丧何？二十五月。以为古民质，痛于死者，不封不树，丧期无数，亡之则除。后代圣人因天地万物有终始，而为之制，以期（一年）断之。父至尊，母至亲，故为加隆，以尽孝子恩。恩爱至深，加之则倍，故再期二十五月也。礼

有取于三，故谓之三年。缘其渐三年之气也。"

〔12〕为之棺、椁（guǒ 果）、衣、衾（qīn 亲）而举之：为，制作。棺，棺材，是用以装殓死者尸体、紧靠着尸体之外的木质尸匣。椁，外棺，是套在棺材之外用于保护棺材的木匣。《白虎通义·崩薨》言："所以有棺椁何？所以掩藏形恶也，不欲令孝子见其毁坏也。棺之为言貌，所以藏尸，令貌全也。椁之为言廓，所以开廓，辟土无令迫棺也。"先秦对装殓不同等级的死者所用棺椁的数目及木材有不同的规定。《礼记·檀弓上》言："天子之棺四重，水兕革棺被之，其厚三寸。杝棺一，梓棺二，四者皆周。"注言："诸公三重，诸侯再重，大夫一重，士不重。"《礼记·丧服大记》言："君大棺八寸，属六寸，椑四寸；上大夫大棺八寸，属六寸；下大夫大棺六寸，属四寸；士棺六寸。""君松椁，大夫柏椁，士杂木椁。"衣，指包殓尸身的寿衣。衾，给尸身覆盖的被单和铺垫的褥子。一般都要用丝带将被褥捆绑在尸身上，以便不接触肉体就可以将尸体抬运和放置。故《经典释文》郑注云："衾谓单，可以亢尸而起也。"先秦不同等级死者收殓的衣衾制度亦有不同规定。寿衣一袍一衣一裳叫做一称。《礼记·丧服大记》言："大敛布绞，缩者三，横者五，布绞二衾，君、大夫、士一也。君陈衣于庭，百称，北领西上。大夫陈衣于序东，五十称，西领南上。士陈衣于序东，三十称，西领南上。""小敛，君、大夫、士皆用复衣复衾。"举，举起、抬起。此处指将包殓好的尸体抬起来安放于棺椁之中。古人给尸体穿寿衣覆盖被褥装入棺材，称作殓或敛。一般在人死后，先给尸体洗头洗身，然后穿三次衣服。第一次是袭，天子为十二称，公为九称，诸侯为七称，大夫为五称，士为三称。第二次是小殓，天子至士都是十七称，不再用袍，上衣内纳有丝絮。第三次是大殓，天子为一百二十称，公九十称，诸侯七十称，大夫五十称，士三十称，衣服都是单袷。大殓才将尸体装入棺中。

〔13〕陈其簠（fǔ 甫）簋（guǐ 鬼）而哀戚之：陈，摆放，陈列。簠、簋，古代用以盛放食物的两种器皿。簠为长方形，大腹，长方形盖，器盖各有两耳。簋为圆形，一般为圆口、圆腹、圈足，无耳或有两耳、四耳，有的有盖。簠、簋以铜、陶或木制成，古代用木制簠、簋盛放各种粮食供物，以祭祀鬼神。《周礼·地官·舍人》言："凡祭祀，共（供）簠簋，实之陈之。"郑玄注："方曰簠，圆曰簋，盛黍稷稻粱器。"古代从父母去世到出殡入葬，死者尸棺之前都要奠奉食物。《礼记·檀弓下》言："奠以素器，以生者有哀素之心也。"素器，没有花纹装饰的簠、簋。哀戚，悲哀，伤心。《礼记·檀弓下》言："丧礼，哀戚之至也。节哀，顺变也，君子念始之者。"注云："始犹生也。念父母生己，不欲伤

其性。"

〔14〕擗(pǐ 匹)踊(yǒng 用)哭泣，哀以送之：擗，痛哭时以手拍胸。踊，跳跃，此处指痛哭时以足顿地。由于男女不同，故痛哭时表示极为伤心的手势和体态也不相同。简单说，男子为踊，女子为擗。擗，又写作辟。《礼记·檀弓下》言："擗踊，哀之至也。"《疏》引《正义》言："抚心为辟，跳跃为踊。孝子丧亲哀慕至懑，男踊女辟，是哀痛之至极也。"《礼记·问丧》言："三日而敛。在床曰尸，在棺曰柩。动尸举柩，哭踊无数，恻怛之心，痛疾之意。悲哀志懑气盛，故袒而踊之，所以动体安心下气也。妇人不宜袒，故发胸，击心，爵踊，殷殷田田，如坏墙然，悲哀痛疾之至也。故曰辟踊哭泣。哀以送之，送形而往，迎精而反也。""丧礼唯哀为主矣。女子哭泣悲哀，击胸伤心。男子哭泣悲哀，稽颡触地无容，哀之至也。"送，指送葬，出殡。送父母的遗体离去，迎父母的灵魂回宗庙。

〔15〕卜其宅兆，而安措之：卜，占卜，此处指用占卜的办法选择送葬日期并确定墓地。《礼记·杂记上》言："大夫卜宅与葬日。"《仪礼·士丧礼三》言卜宅礼仪为："筮宅，冢人营之。既朝哭，主人皆往兆南，北面，免绖。命筮者在主人之右。筮者东面抽上韇，兼执之。南面受命。命曰：'哀子某，为其父某甫筮宅，度兹幽宅，兆基无有后艰。'筮人许诺，不述命，右还，北面指中封而筮，卦者在左。卒筮执卦，以示命筮者。命筮者受视反之，东面旅占卒，进告于命筮者，与主人，占之曰从。"其，指死去的父母。宅，此处指阴宅、幽宅，即墓穴。兆，茔域，墓园，陵区。孔传云："卜其葬地，定其宅兆。兆为茔域，宅为穴。卜葬地者，孝子重慎，恐其下有伏石漏水，后为市朝，远防之也。"可见，当时占卜墓地的目的并非是选择什么风水宝地，而是为了使墓地以后不会因各种原因而受到干扰。安措，安放，安置。此处指安置灵柩，埋葬死者。

〔16〕为之宗庙，以鬼享之：宗庙，古代王公贵族供祭祖先亡灵的场所。《疏》引旧解言："宗，尊也。庙，貌也。言祭宗庙见先祖之尊貌也。"《礼记·祭义》云："祭之日，入室，僾然必有见乎其位。周还出户，肃然必有闻乎其容声。出户而听，忾然必有闻乎其叹息之声。"先秦，王公贵族不同等级设庙数不同。《礼记·王祭》云："天子七庙，三昭三穆与太祖之庙而七。诸侯五庙，二昭二穆与太祖之庙而五。大夫三庙，一昭一穆与太祖之庙而三。士一庙。庶人祭于寝。"而《礼记·祭法》的说法与此不完全相同，文云："王立七庙，一坛一墠。曰考庙，曰王考庙，曰皇考庙，曰显考庙，曰祖考庙，皆月祭之。远庙为祧，有

二祧，享尝乃止。去祧为坛，去坛为墠，坛墠有祷焉祭之，无祷乃止。去墠曰鬼。诸侯立五庙，一坛一墠。曰考庙，曰王考庙，曰皇考庙，皆月祭之。显考庙、祖考庙，享尝乃止。去祖为坛，去坛为墠。坛墠有祷焉祭之，无祷乃止。去墠为鬼。大夫立三庙二坛，曰考庙，曰王考庙，曰皇考庙，享尝乃止。显考、祖考无庙，有祷焉，为坛祭之。去坛为鬼。适士二庙一坛，曰考庙，曰王考庙，享尝乃止，显考无庙，有祷焉，为坛祭之。去坛为鬼。官师一庙，曰考庙，王考无庙，而祭之。去王考为鬼。庶士庶人无庙，死曰鬼。"鬼，人死称鬼。《礼记·祭法》云："大凡生于天地之间者皆曰命，其万物死者皆曰折，人死曰鬼。"注言："鬼之言归也。"鬼享，以酒食供祭亡灵。古代在安葬死者以后，即将其亡灵请进宗庙，在宗庙立神主牌位进行祭祀，称鬼享。《礼记·檀弓下》言："卒哭曰成事。是日也，以吉祭易丧祭。明日祔于祖父。其变而之吉祭也，比至于祔，必于是日也接，不忍一日未有所归也。"

〔17〕春秋祭祀，以时思之：春秋，指一年四季。古人习惯以春秋作为四季（时）的代称。于省吾《岁、时起源初考》言，甲骨文中只有春秋而无冬夏，今文《尚书》二十八篇中，西周的作品也无冬夏之名，可见殷和西周一年只有春秋二时，所以古人也称年为春秋。四时的划分萌芽于西周末叶。春秋时人因距一年只有二时较近，故仍习惯称一周年为春秋，并以春秋为四季的代称。《礼记·王制二》言："天子诸侯之祭，春曰礿，夏曰禘，秋曰尝，冬曰烝。""天子社稷皆大牢，诸侯社稷皆少牢。大夫、士宗庙之祭，有田则祭，无田则荐。庶人春荐韭，夏荐麦，秋荐黍，冬荐稻。韭以卵，麦以鱼，黍以豚，稻以雁。"时，季度。以时思之，指在三年服丧期结束以后，每到寒暑变易时就想到亡故父母，故祭祀以表达自己的哀思。唐玄宗注言："寒暑变移，益用增感，以时祭祀，展其孝思也。"

〔18〕生事爱敬，死事哀戚，生民之本尽矣，死生之义备矣：生民，人民。本，根本，此处指孝道。死生之义，指父母在世时尽力奉养，父母死亡，安葬祭祀。备，完备。《论语·学而》言："子曰：'父在观其志，父没观其行。三年无改于父之道，可谓孝矣。'"又言："曾子曰'慎终，追远，民德归厚矣。'"《荀子·礼论》言："故丧礼者，无他焉，明死生之义，送以哀敬而终周藏也。故葬埋敬葬其形也，祭祀敬事其神也，其铭诔系世敬传其名也。事生，饰始也；送死，饰终也。终始具而孝子之事毕矣。"

〔19〕孝子之事亲终矣：孝子事奉父母的孝道至此结束。唐玄宗注云："爱敬哀戚，孝行之始终也，备陈死生之义，以尽孝子之情。"以上

几句为全书十八章内容的总结。

【译文】

孔子说："孝子在父母亲去世时，哭声应该表现出自己极度悲伤的心情，不可哭出抑扬顿挫的声音，不可带有尾声。在接待宾客时，因自己极度悲伤而不必拘泥于礼节容止。话语简略，不加文饰。这时，穿着质料优异花纹新颖的服装会感到非常不安，而要换上粗麻不缝边的孝子的丧服——斩衰。即使听到欢快的音乐声，也绝不会产生愉快的表情。根本不想吃饭，再好的食品吃着也没味道。以上这些，都是孝子在丧失父母时因为悼念、悲痛而必然流露的表现。父母死后三天，孝子要开始吃东西，这是教导孝子不要因为父母的逝世哀痛过度伤害了自己的身体，不要由于悲伤而身体瘦弱，以至违背了人性，这就是圣人的政教。孝子为父母服丧不超过三年，圣人这样规定，是为了让民众知道，无论什么事都应有个终结的时候。

"按照身份给死者做好相应数量和质料的棺材和外椁，穿上规定数目和质料的寿衣，扎好规定数目的被单和褥子，将尸身抬起，装殓进棺材之中。用没有花纹的方形的簠和圆形的簋盛放黍、稷、稻、粱等粮食，供奉在父母尸棺的跟前，来表达自己失去生身父母的悲痛心情。孝子伤心得顿足跳跃，孝女悲痛得以手拍胸，一路大哭，送父母灵柩出殡，前去安葬。占卜适当的安葬日期和安全的墓穴，使其以后不会因各种变故而受到干扰。然后安置灵柩，埋葬死去的父母。将亡去父母的灵魂请进宗庙，为其立神主牌位建宗庙，用酒食进行祭祀。服丧期结束以后，每到春夏秋冬季节变换时，就按时在宗庙对亡故的父母进行祭祀，以表达自己的哀悼之情。

"父母在世时孝子竭尽爱敬之心去侍奉，父母去世时孝子以最悲痛的心情去办丧事，这样，人民就算尽到了根本的责任——孝道，生前奉养，死后安葬、祭祀，这一系列的孝子敬奉父母的义务就完备了，到此，孝子事亲的任务终于结束了。"

附 录

一、古文孝经

开宗明谊章第一[1]

仲尼闲居[2]，曾子侍坐[3]。

子曰："参[4]，先王有至德要道，以训天下[5]，民用和睦，上下亡怨[6]。女知之乎[7]？"

曾子辟席曰[8]："参不敏，何足以知之乎？"

子曰："夫孝，德之本也，教之所繇生[9]。复坐，吾语女[10]！身体发肤，受之父母，不敢毁伤，孝之始也。立身行道，扬名于后世，以显父母，孝之终也。夫孝，始于事亲，中于事君，终于立身。《大雅》云：'亡念尔祖[11]，聿脩其德[12]。'"

【校记】

〔1〕谊，今文作"义"。

〔2〕闲，今文无此字。

〔3〕坐，今文无此字。

〔4〕参，今文无此字。

〔5〕训，今文作"顺"。

〔6〕亡，今文作"无"。

〔7〕女，今文作"汝"。

〔8〕辟，今文作"避"。

〔9〕繇，今文作"由"。生，今文作"生也"。

〔10〕女，今文作"汝"。

〔11〕亡，今文作"无"。

〔12〕脩，今文作"修"。其，今文作"厥"。

天 子 章 第 二

子曰："爱亲者，不敢恶于人；敬亲者，不敢慢于人。爱敬尽于事亲，然后德教加于百姓〔1〕，刑于四海。盖天子之孝也。

"《吕刑》云〔2〕：'一人有庆，兆民赖之。'"

【校记】

〔1〕然后，今文此二字作"而"。

〔2〕吕，今文作"甫"。

诸 侯 章 第 三

子曰〔1〕："居上不骄〔2〕，高而不危；制节谨度，满而不溢。高而不危，所以长守贵也；满而不溢，所以长守富也。

"富贵不离其身，然后能保其社稷，而和其民人。盖诸侯之孝也。

"《诗》云：'战战兢兢，如临深渊，如履薄冰。'"

【校记】

〔1〕子曰，今文无此二字。

〔2〕居，今文作"在"。

卿大夫章第四

子曰〔1〕："非先王之法服不敢服，非先王之法言不敢道，非先王之德行不敢行。

"是故非法不言，非道不行；口亡择言〔2〕，身亡择行〔3〕；言满天下亡口过〔4〕，行满天下亡怨恶〔5〕。三者备矣，然后能保其禄位〔6〕，而守其宗庙〔7〕。盖卿大夫之孝也。

"《诗》云：'夙夜匪解〔8〕，以事一人。'"

【校记】

〔1〕子曰，今文无此二字。
〔2〕亡，今文作"无"。
〔3〕亡，今文作"无"。
〔4〕亡，今文作"无"。
〔5〕亡，今文作"无"。
〔6〕保其禄位，今文无此四字。
〔7〕而，今文无此字。
〔8〕解，今文作"懈"。

士 章 第 五

子曰〔1〕："资於事父以事母，其爱同〔2〕；资於事父以事君，其敬同〔3〕。故母取其爱，而君取其敬，兼之者，父也。

"故以孝事君则忠，以弟事长则顺〔4〕。忠顺不失，以事其上，然后能保其爵禄〔5〕，而守其祭祀。盖士之孝也。

"《诗》云：'夙兴夜寐，亡忝尔所生〔6〕。'"

【校记】

〔1〕子曰，今文无此二字。
〔2〕其，今文作"而"。
〔3〕其，今文作"而"。
〔4〕弟，今文作"敬"。
〔5〕爵禄，今文作"禄位"。
〔6〕亡，今文作"无"。

庶 人 章 第 六

　　子曰[1]："因天之时[2]，就地之利[3]，谨身节用，以养父母。此庶人之孝也。"

【校记】
　　〔1〕子曰，今文无此二字。
　　〔2〕因，今文作"用"。时，今文作"道"。
　　〔3〕就，今文作"分"。

孝 平 章 第 七[1]

　　子曰[2]："故自天子以下至于庶人[3]，孝亡终始[4]，而患不及者，未之有也。"

【校记】
　　〔1〕本章今文与上章合为一章。
　　〔2〕子曰，今文无此二字。
　　〔3〕以下，今文无此二字。
　　〔4〕亡，今文作"无"。

三 才 章 第 八[1]

　　曾子曰："甚哉，孝之大也！"
　　子曰："夫孝，天之经也，地之谊也[2]，民之行也。天地之经，而民是则之。则天之明，因地之利，以训天下[3]，是以其教不肃而成，其政不严而治。先王见教之可以化民也，是故先之以博爱，而民莫遗其亲。

陈之以德谊[4]，而民兴行；先之以敬让，而民不争；道之以礼乐[5]，而民和睦；示之以好恶，而民知禁。

"《诗》云：'赫赫师尹，民具尔瞻。'"

【校记】

〔1〕今文作"第七"。
〔2〕谊，今文作"义"。
〔3〕训，今文作"顺"。
〔4〕以，今文作"于"。谊，今文作"义"。
〔5〕道，今文作"导"。

孝 治 章 第 九[1]

子曰："昔者明王之以孝治天下也，不敢遗小国之臣，而况于公、侯、伯、子、男乎？故得万国之欢心，以事其先王。

"治国者，不敢侮于鳏寡，而况于士民乎？故得百姓之欢心，以事其先君。

"治家者，不敢失于臣妾之心[2]，而况于妻子乎？故得人之欢心，以事其亲。

"夫然，故生则亲安之，祭则鬼享之，是以天下和平，灾害不生，祸乱不作。故明王之于孝治天下也如此[3]。

"《诗》云：'有觉德行，四国顺之。'"

【校记】

〔1〕第九，今文作"第八"。
〔2〕之心，今文无此二字。
〔3〕于，今文作"以"。

圣 治 章 第 十[1]

曾子曰："敢问圣人之德，其亡以加于孝乎[2]？"

子曰："天地之性，人为贵。人之行，莫大于孝。孝莫大于严父，严父莫大于配天，则周公其人也！

"昔者，周公郊祀后稷以配天，宗祀文王于明堂以配上帝。是以四海之内，各以其职来助祭[3]。夫圣人之德，又何以加于孝乎？

"是故亲生毓之[4]，以养父母日严。圣人因严以教敬，因亲以教爱。圣人之教，不肃而成，其政不严而治，其所因者，本也。"

【校记】
〔1〕第十，今文作"第九"。
〔2〕其，今文无此字。亡，今文作"无"。
〔3〕助，今文无此字。
〔4〕是故，今文作"故"。毓之，今文作"之膝下"。

父母生绩章第十一[1]

子曰[2]："父子之道，天性也，君臣之谊也[3]。父母生之，绩莫大焉[4]！君亲临之，厚莫重焉！"

【校记】
〔1〕本章，今文与上章合为一章。
〔2〕子曰，今文无此二字。
〔3〕谊，今文作"义"。
〔4〕绩，今文作"续"。

孝优劣章第十二[1]

子曰[2]："不爱其亲[3]，而爱他人者，谓之悖德。不敬其亲，而敬他人者，谓之悖礼。以训则昏[4]，民亡则焉[5]！不宅于善[6]，而皆在于凶德，虽得志[7]，君子弗从也[8]！

    "君子则不然，言思可道，行思可乐，德谊可尊[9]，作事可法，容止可观，进退可度。以临其民，是以其民畏而爱之，则而象之。故能成其德教，而行其政令。

    "《诗》云：'淑人君子，其仪不忒。'"

【校记】

    〔1〕本章及上章，今文与第十章合为一章。

    〔2〕子曰，今文无此二字。

    〔3〕不，此字前今文有"故"字。

    〔4〕训，今文作"顺"。昏，今文作"逆"。

    〔5〕亡，今文作"无"。

    〔6〕宅，今文作"在"。

    〔7〕志，今文作"之"。

    〔8〕弗从，今文作"不贵"。

    〔9〕谊，今文作"义"。

纪孝行章第十三[1]

    子曰："孝子之事亲乎[2]，居则致其敬，养则致其乐，疾则致其忧[3]，丧则致其哀，祭则致其严。五者备矣，然后能事其亲[4]。

    "事亲者，居上不骄，为下不乱，在丑不争。居上而骄则亡，为下而乱则刑，在丑而争则兵。此三者不除[5]，虽日用三牲之养，犹为不孝也[6]。"

【校记】

    〔1〕第十三，今文作"第十"。

    〔2〕乎，今文作"也"。

    〔3〕疾，今文作"病"。

    〔4〕其，今文无此字。

    〔5〕此，今文无此字。

    〔6〕犹，今文作"犹"。

五刑章第十四[1]

　　子曰："五刑之属三千，而辠莫大于不孝[2]。要君者亡上[3]，非圣人者亡法[4]，非孝者亡亲[5]。此大乱之道也。"

【校记】
　　[1] 第十四，今文作"第十一"。
　　[2] 辠，今文作"罪"。按辠为罪之古体。
　　[3] 亡，今文作"无"。
　　[4] 亡，今文作"无"。
　　[5] 亡，今文作"无"。

广要道章第十五[1]

　　子曰："教民亲爱，莫善于孝。教民礼顺，莫善于弟[2]。移风易俗，莫善于乐。安民治民[3]，莫善于礼。
　　"礼者，敬而已也。故敬其父则子说[4]，敬其兄则弟说[5]，敬其君则臣说[6]。敬一人而千万人说[7]，所敬者寡，而说者众[8]。此之谓要道也。"

【校记】
　　[1] 第十五，今文作"第十二"。
　　[2] 弟，今文作"悌"。
　　[3] 安民，今文作"安上"。
　　[4] 说，今文作"悦"。
　　[5] 说，今文作"悦"。
　　[6] 说，今文作"悦"。
　　[7] 说，今文作"悦"。
　　[8] 说，今文作"悦"。

广至德章第十六[1]

子曰："君子之教以孝也,非家至而日见之也。教以孝,所以敬天下之为人父者[2]。教以弟[3],所以敬天下之为人兄者[4]。教以臣,所以敬天下之为人君者[5]。

"《诗》云:'恺悌君子,民之父母',非至德,其孰能训民如此其大者乎[6]?"

【校记】
　　〔1〕第十六,今文作"第十三"。
　　〔2〕者,今文作"者也"。
　　〔3〕弟,今文作"悌"。
　　〔4〕者,今文作"者也"。
　　〔5〕者,今文作"者也"。
　　〔6〕训,今文作"顺"。

感应章第十七[1]

子曰："昔者明王,事父孝,故事天明;事母孝,故事地察;长幼顺,故上下治。天地明察,鬼神章矣[2]。

"故虽天子必有尊也,言有父也;必有先也,言有兄也;必有长也[3]。宗庙致敬,不忘亲也。修身慎行,恐辱先也。宗庙致敬,鬼神著矣。孝弟之至[4],通于神明,光于四海,亡所不暨[5]。

"《诗》云:'自西自东,自南自北,亡思不服[6]。'"

【校记】
　　〔1〕第十七,今文作"第十六"。
　　〔2〕鬼神章,今文作"神明彰"。

〔3〕必有长也，今文无此四字。
〔4〕弟，今文作"悌"。
〔5〕亡，今文作"无"。暨，今文作"通"。
〔6〕亡，今文作"无"。

广扬名章第十八〔1〕

　　子曰："君子事亲孝〔2〕，故忠可移于君；事兄弟〔3〕，故顺可移于长；居家理，故治可移于官。是以行成于内，而名立后世矣〔4〕！"

【校记】
〔1〕第十八，今文作"第十四"。
〔2〕君子，今文作"君子之"。
〔3〕弟，今文作"悌"。
〔4〕立，今文作"立于"。

闺门章第十九〔1〕

　　子曰："闺门之内，具礼矣乎！严父严兄。妻子臣妾，繇百姓徒役也。"

【校记】
〔1〕今文无此章。

谏争章第二十〔1〕

　　曾子曰："若夫慈爱、龚敬〔2〕、安亲、扬名，参闻命矣〔3〕。敢问子从父之命〔4〕，可谓孝乎？"
　　子曰："参〔5〕，是何言与？是何言与？言之不通邪〔6〕！昔者，天子有争臣七人，虽亡道[7]，不失天下[8]。诸侯有争臣五人，虽亡道[9]，不失其国。大夫有争臣三人，虽亡道[10]，不失其家。士有争友，则身不离于令名。父有争子，则身不陷于不谊[11]。故当不谊[12]，则子不可以不争于父，臣不可以不争于君。故当不谊则争之[13]。从父之命[14]，又安得为孝乎[15]？"

【校记】

〔1〕争，今文作"诤"。第二十，今文作"第十五"。
〔2〕龚，今文作"恭"。
〔3〕参，今文作"则"。
〔4〕命，今文作"令"。
〔5〕参，今文无此字。
〔6〕言之不通邪，今文无此五字。
〔7〕亡，今文作"无"。
〔8〕不失，今文作"不失其"。
〔9〕亡，今文作"无"。
〔10〕亡，今文作"无"。
〔11〕谊，今文作"义"。
〔12〕谊，今文作"义"。
〔13〕谊，今文作"义"。
〔14〕命，今文作"令"。
〔15〕安，今文作"焉"。

事君章第二十一[1]

子曰："君子之事上也，进思尽忠，退思补过，将顺其美，匡救其恶，故上下能相亲也。

"《诗》云：'心乎爱矣，遐不谓矣。忠心臧之[2]，何日忘之！'"

【校记】

〔1〕第二十一，今文作"第十七"。

〔2〕忠心臧之，今文作"中心藏之"。

丧亲章第二十二[1]

子曰："孝子之丧亲也，哭不依[2]，礼亡容[3]，言不文，服美不安，闻乐不乐，食旨不甘，此哀戚之情也。三日而食，教民亡以死伤生也[4]，毁不灭性，此圣人之正也[5]。丧不过三年，示民有终也。

"为之棺、椁、衣、衾以举之[6]；陈其簋簠而哀戚之；哭泣擗踊[7]，哀以送之；卜其宅兆，而安措之；为之宗庙，以鬼享之；春秋祭祀，以时思之。

"生事爱敬，死事哀戚，生民之本尽矣，死生之谊备矣[8]，孝子之事终矣[9]。"

【校记】
〔1〕第二十二，今文作"第十八"。
〔2〕依，今文作"僾"。
〔3〕亡，今文作"无"。
〔4〕亡，今文作"无"。也，今文无此字。
〔5〕正，今文作"政"。
〔6〕以，今文作"而"。
〔7〕哭泣擗踊，今文作"擗踊哭泣"。
〔8〕谊，今文作"义"。
〔9〕事，此字下今文有"亲"字。

二、历代序跋要录

古 文 孝 经 序

西汉·孔安国(?)

《孝经》者何也？孝者，人之高行；经者，常也。自有天地人民以来，而孝道著矣。上有明王，则大化滂流，充塞四合。若其无也，则斯道灭息。当吾先君孔子之世，周失其柄，诸侯力争，道德既隐，礼谊又废。至乃臣弑其君，子弑其父，乱逆无纪，莫之能正。是以夫子每于闲居而叹述古之孝道也。

夫子敷先王之教于鲁之洙泗，门徒三千，而达者七十有二也。贯首弟子颜回、闵子骞、冉伯牛、仲弓，性也至孝之自然，皆不待谕而寤者也。其余则悱悱愤愤，若存若亡。唯曾参躬行匹夫之孝，而未达天子、诸侯以下扬名显亲之事，因侍坐而咨问焉。故夫子告其谊，于是曾子喟然知孝之为大也。遂集而录之，名曰《孝经》，与五经并行于世。逮乎六国，学校衰废。及秦始皇焚书坑儒，《孝经》由是绝而不传也。至汉兴，建元之初，河间王得而献之，凡十八章。文字多误，博士颇以教授。后鲁共王使人坏夫子讲堂，于壁中石函得《古文孝经》二十二章，载在竹牒，其长尺有二寸，字科斗形。鲁三老孔子惠抱诣京师，献之天子。天子使金马门待诏学士与博士群儒，从隶字写之，还子惠一通，以一通赐所幸侍中霍光。光甚好之，言为口实。时王公贵人咸神秘焉，比于禁方。天下竞欲求学，莫能得者。每使者至鲁，辄以人事请索。或好事者募以钱帛，用相问遗。鲁吏有至帝都者，无不赍持以为行路之资。故《古文孝经》初出于孔氏。而今文十八章，诸儒各任意巧说，分为数家之谊，浅学者以当六经，其大车载不胜，反云孔氏无《古文孝经》，欲蒙时人。度其为说，诬亦甚矣。吾愍其如此，发愤精思，为之训传，悉载本文，万有余言，朱以发经，墨以起传，庶后学者，睹正谊之有在也。今中秘书，皆以鲁三老所献古文为正。河间王所上虽多误，然以先出之故，诸国往往有之。汉先帝发诏称其辞者，皆曰"传曰"，其实《今文孝经》也。

　　昔吾逮从伏生论《古文尚书》谊。时学士会，云出叔孙氏之门，自道知《孝经》有帅法。其说"移风易俗，莫善于乐"，谓为天子用乐，省万邦之风，以知其盛衰。衰则移之以贞盛之教，淫则移之以贞固之风，皆以乐声知之。知则移之。故云"移风易俗，莫善于乐"也。又，师旷云："吾骤歌南风，多死声，楚必无功"，即其类也。且曰："庶民之愚，安能识音，而可以乐移之乎？"当时众人金以为善。吾嫌其说迁，然无以难之。后推寻其意，殊不得尔也。子游为武城宰，作弦歌以化民。武城之下邑，而犹化之以乐，故传曰："夫乐，以关山川之风，以曜德于广远。风德以广之，风物以听之，修诗以咏之，修礼以节之。"又曰："用之邦国焉，用之乡人焉"，此非唯天子用乐明矣。夫云集而龙兴，虎啸而风起，物之相感，有自然者，不可谓毋也。胡笳吟动，马蹀而悲；黄老之弹，婴儿起舞。庶民之愚，愈于胡马与婴儿也？何为不可以乐化之！

　　《经》又云："敬其父则子说，敬其君则臣说"，而说者以为各自敬其为君父之道，臣子乃说也。余谓不然。君虽不君，臣不可以不臣；父虽不父，子不可以不子。若君父不敬，其为君父之道，则君子便可以忿之邪？此说不通。吾为传，皆弗之从焉。

《汉书·艺文志》孝经类小序

东汉·班　固

　　《孝经》者，孔子为曾子陈孝道也。夫孝，天之经，地之义，民之行也。举大者言，故曰《孝经》。汉兴，长孙氏、博士江翁、少府后仓、谏大夫翼奉、安昌侯张禹传之，各自名家。经文皆同，唯孔氏壁中古文为异。"父母生之，续莫大焉"，"故亲生之膝下"，诸家说不安处，古文字读皆异。

敦煌本孝经序

东汉·郑　玄（？）

《孝经》者，鲁国先师姓孔，名丘，字仲尼。其父叔梁纥，后娶颜氏之女，久而无子，故其（祈）于尼丘山，而生孔子。其首反，用像尼丘山，故名丘，字仲尼。有圣德，应聘诸国，莫能见用。当春秋之末，文武道坠，逆乱兹甚，篡弒由生。皇灵哀末代之黔黎，愍仓生之莫救，故命孔子，使述六艺，以待命主。有飞鸟遗文书于鲁门，云："秦灭法，孔经存。"孔子既睹此书，悬车止聘。鲁哀公十一年自卫归鲁，修《春秋》，述《易》道，乃刊《诗》、《书》，定礼乐，教于洙、泗之间，弟子四方之者三千余人，受业身通达者七十二人。惟有弟子曾参有至孝之性，故因闲居之中，为说孝之大理。弟子录之，名曰《孝经》。

夫孝者，盖三才之经纬，五行之纲纪。若无孝，则三才不成，五行僭序。是以在天则曰至德，在地则曰愍德，施之于人则曰孝德。故下文言，夫孝者，天之经，地之义，人之行，三德同体而异名，盖孝之殊途。经者，不易之称，故曰《孝经》。

仆避于南城之山，栖迟岩石之下，念昔先人，余暇述夫子之志，而注《孝经》。

（本序第一、二段，据敦煌遗书伯 2545、3372、3414、3416 等号卷子过录整理；第三段，据《大唐新语》卷九"著述"、《太平御览》卷四十二"南城山"过录。）

孝经述议序

隋·刘　炫

盖玄黄肇判，人物俘（俘）始。父子之道既形，慈爱之情自笃。虽立德扬名，不逮中叶，而生爱死戚，已萌前古。洎乎驾龙乘云，法令渐章，迁夏宅殷，损益方极。莫不资父事君，因严教敬。移治家之志，以扬于王庭，推子谅之心，以教于天下。发于朝廷，施于州里，修于军旅，达于涂巷，曷尝非慈仁之教，孝弟之风哉！徒以太史马、颜，俱泛积石之流，罗纨绮组，无复素丝之质。皇道帝化，因事立功，千品万官，随时作则。揖让周旋之仪，去礼已远；洒扫应对之节，离本更遥。泳其末而不践其源，股其道而未臻其极。百行孝为本也，孝迹弗彰；六经孝之流也，孝理更翳。五品不逊，几亏人典，万□不睹，实启圣心。加以周道既衰，彝伦攸斁，王泽不下于民，群生莫知所仰。覆宗害父，窃国犯君，乱逆无纪，名教将绝。夫子乃假称教授，制作《孝经》，论治世之大方，述先王之要训。其意盖将匡颓运而追逸轨也，抑亦所以仁兴王而示高迹也。孔子卒而大义乖，秦政起而群言丧。汉室龙兴，方垂购采，简有脱遗，字多摩灭。五经沉于闾里，俗说显于学官，闻疑传疑，得末行末。肇自许洛，迄于魏齐，各骋胸臆，竞操刀斧。琐言杂议，殆至百家，专门命氏，犹将十室。王肃、韦昭，悉为佼佼；刘邵、虞翻，抑又其次。俗称郑氏，秽累尤多。譬放四族，议碎更甚。此诸家者，虽道有升降，势或盛衰，俱得藏诸秘府，行于世俗。安国之传，蔑尔无闻，以迄于今，莫遵其学。陆绩引其言，而不纂其业。荀昶得其本，而不觉其精。

　　炫与冀州秀才刘焯，俯挹波澜，追慕风采，渴仰丕积，多历岁年。大隋之十有□载，著作郎王邵(劭)始得其书，远遣垂示。似火自上，如石投水，散帙披文，惊心动魄。遂与焯考正讹谬，敷训门徒。凿垣墉以开户牖，排榛芜以通轨躅。大河之北，颇已流行。于彼殊方，仍未宣布。终宴不疲，实惟我待，望屠而嚼，非无他士耶！聊复采经摭传，断长补短，纳诸规矩，使就绳墨。经则自陈管见，追述孔旨。传则先本孔心，却申鄙意。前代注说，近世解议，残缣折简，盈箱累筐。义有可取，则择善而从。语足惑人，则略纠其谬。孔传之讹舛者，更无孔本，莫与比较，作《孝经稽疑》。郑氏之芜秽者，实非郑注，发其虚诞，作《孝经去惑》。其引书止取要证，或略彼文，其国讳谨别格各存本字。庶遗彼后生，传诸私族，其讥予不顾，亦未如之何已矣！

问者曰：孔注《尚书》，文辞至简，及其传此，繁夥已极。理有溢于经外，言或出于意表。比诸《尚书》，殊非其类。且历代湮沉，于今始世，世之学者，咸用致疑。吾子暴露诸家，独遵孔氏必为真，请闻其要。

答曰：《尚书》，帝典臣谟，相对之谈耳。训诰誓命，教戒之书耳。其文直，其义显，其用近，其功约。徒以文质殊方，谟雅诰悉，古今异辞，俗易语反。振其绪而深旨已见，诂其字而大义自通。理既达文，言足垂后。岂徒措辞尚简，盖亦求烦不获。《孝经》言高趣远，文丽旨深，举治乱之大纲，辨天人之弘致。大则法天因地，祀帝享祖，道洽万国之心，泽周四海之内。乃使天地昭察，鬼神效灵，灾害不生，祸乱不作。明王以治定，圣德之所加。小则就利因时，谨身节用，施政闺门之内，流恩徒役之下。乃使室家理治，长幼顺序，居上不骄，为下不乱，臣子尽其忠敬，仆妾竭其欢心。其所施者，牢笼宇宙之器也。其所述者，阐扬性命之谈也。辞则闾阎易路，而闺阁尤深；义则阶陛可登，而户牖方密。为传者将上演冲趣，下寤庸神，晒曝光于戴盆，飞泥蟠于天路。不得不博文以谈之，缓旨以喻之。孔氏参订时验，割析毫厘，文武交畅，德刑备举。乃至管、晏雄霸之略，荀、孟儒雅之风，孙、吴权谲之方，申、韩督责之术，苟其萌动经意，源发圣心，莫不修其根本，导其流末，探赜索隐，钻幽洞微，穷道化之玄宗，尽注述之高致。犹尚藏于私室，蠹于枯简，历且千载，莫之或传。假使表之高的，鸣之以建鼓，闻之者掩耳而走，见之者闭眼而逝。若使提纲举目，简言达旨，理寡义贫，辞多语纷，则将覆瓿之不暇，何弘道之可希！孔子之赞《易》也，文言多而象象少。丘明之为《传》也，襄、昭烦而庄、闵略。圣贤有作，辞无定准。《书》、《孝》之异，复何所嫌？其辞宏赡，理致渊弘，言出系表，义流旨外者，总逸定于中逵，控奔流于巨壑。或当驰骋逾垺，涛波溢坎耳。亦无骈拇、枝指、附赘、悬疣之累在其间也。吾以幼少佩服此经，凡是先儒，备经讨阅，未有殊尤绝垠，状华出群，可以鼓玄泽于上庠，腾芳风于来裔者也。悉皆辞鄙理僻，说迂义诞，格言沦于腐儒，妙旨翳于庸讷。或乃方于小学，废其师受，论道不以充经，选士不以应课。弃诸草野，风之传记，顾彼未议，实怀深愤。而天未丧斯，秘宝重出，大典昭晰，精义著明。斯乃冥灵应感之符，圣道缉熙之运。仰饮惠泽，退惟私幸。既逢此世，复觌斯文。羡彼康衢，忘兹弩蹇。思得撤云雾以廓昭临，凿龙门以泻填阏。故拾其滞遗，补其弊漏，傅其羽翼，除其疥癣。续日月之末光，裨河海之余润。冀乎贻训后昆，增晖前绪。何事强诡俗儒，妄假先达！且君子所贵乎道者，贵其理义可尚，非贵姓名而已。以此孔传，校彼诸家，味其深浅，详其得失。三光九泉，未足喻其高下。嵩岳培塿，无以方其小大。侧视厚薄，不觉其倍。更问真伪，欲何所明？嗟乎！伯牙绝弦于钟期，卜和泣血于荆璞，良有以也。

　　（本序系抄自胡平生据日本林秀一氏《关于〈孝经述议〉复原的研究》一书所载明应六年〈公元 1497 年〉古抄本残卷照片过录本）

《隋书·经籍志》孝经类小序

唐·魏　徵

　　夫孝者，天之经，地之义，人之行。自天子达于庶人，虽尊卑有差，及乎行孝，其义一也。先王因之以治国家，化天下，故能不严而顺，不肃而成。斯实生灵之至德，王者之要道。孔子既叙六经，题目不同，指意差别，恐斯道离散，故作《孝经》，以总会之，明其枝流虽分，本萌于孝者也。遭秦焚书，为河间人颜芝所藏。汉初，芝子贞出之，凡十八章，而长孙氏、博士江翁、少府后苍、谏议大夫翼奉、安昌侯张禹，皆名其学。又有《古文孝经》，与《古文尚书》同出，而长孙有《闺门》一章，其余经文，大较相似，篇简缺解，又有衍出三章，并前合为二十二章，孔安国为之传。至刘向典校经籍，以颜本比古文，除其繁惑，以十八章为定。郑众、马融并为之注。又有郑氏注，相传或云郑玄，其立义与玄所注余书不同，故疑之。梁代，安国及郑氏二家并立国学，而安国之本亡于梁乱。陈及周、齐，惟传郑氏。至隋，秘书监王劭于京师访得孔传，送至河间刘炫。炫因序其得丧，述其议疏，讲于人间，渐闻朝廷，后遂著令与郑氏并立。儒者喧喧，皆云炫自作之，非孔旧本，而秘府又先无其书。又云魏氏迁洛，未达华语，孝文帝命侯伏侯可悉陵，以夷言译《孝经》之旨，教于国人，谓之《国语孝经》。今取以附此篇之末。

孝 经 序

唐·李隆基

朕闻上古，其风朴略。虽因心之孝已萌，而资敬之礼犹简。及乎仁义既有，亲誉益著，圣人知孝之可以教人也，故因严以教敬，因亲以教爱。于是以顺移忠之道昭矣，立身扬名之义彰矣。子曰："吾志在《春秋》，行在《孝经》。"是知孝者，德之本欤。

《经》曰：昔者明王之以孝理天下也，不敢遗小国之臣，而况于公、侯、伯、子、男乎！朕尝三复斯言，景行先哲，虽无德教加于百姓，庶几广爱形于四海。嗟乎，夫子没而微言绝，异端起而大义乖。况泯绝于秦，得之者皆煨烬之末；滥觞于汉，传之者皆糟粕之余。故鲁史《春秋》，学开五传，《国风》、《雅》、《颂》，分为四诗，去圣逾远，源流益别。近观《孝经》旧注，踳驳尤甚。至于迹相祖述，殆且百家。业擅专门，犹将十室。希升堂者，必自开户牖；攀逸驾者，必骋殊轨辙。是以道隐小成，言隐浮伪。且传以通经为义，义以必当为主。至当归一，精义无二，安得不翦其繁芜，而撮其枢要也！

韦昭、王肃，先儒之领袖。虞翻、刘邵，抑又次焉。刘炫明安国之本，陆澄讥康成之注，在理或当，何必求人？今故特举六家之异同，会五经之旨趣，约文敷畅，义则昭然。分注错经，理亦条贯。写之琬琰，庶有补于将来。且夫子谈经，志取垂训，虽五孝之用则别，而百行之源不殊。是以一章之中，凡有数句，一句之内，意有兼明，具载则文繁，略之又义阙，今存于疏，用广发挥。

孝 经 注 疏 序

宋·邢 昺

夫《孝经》者，孔子之所述作也。述作之旨者：昔圣人蕴大圣德，生不偶时。适值周室衰微，王纲失坠，君臣僭乱，礼乐崩颓。居上位者赏罚不行，居下位者褒贬无作。孔子遂乃定礼乐，删《诗》、《书》，赞《易》道，以明道德仁义之源。修《春秋》，以正君臣父子之法。又虑虽知其法，未知其行，遂说《孝经》一十八章，以明君臣父子之行所寄。知其法者修其行，知其行者谨其法。故《孝经纬》曰："孔子云：欲观我褒贬诸侯之志在《春秋》，崇人伦之行在《孝经》。"是知《孝经》虽居六籍之外，乃与《春秋》为表矣！

先儒或云："夫子为曾参所说"，此木尽其指归也。盖曾子在七十弟子中，孝行最著。孔子乃假立曾子为请益问答之人，以广明孝道。既说之后，乃属与曾子。泊秦焚书，并为煨烬。汉膺天命，复阐微言。《孝经》河间颜芝所藏，因始传之于世。自西汉及魏，历晋、宋、齐、梁，注解之者迨及百家。至有唐之初，虽备存秘府，而简编多有残缺。传行者，唯孔安国、郑康成两家之注，并有梁博士皇侃义疏，播于国序。然辞多纰谬，理昧精研。至唐玄宗朝，乃诏群儒学官俾其集议，是以刘子玄辨郑注有十谬七惑，司马坚斥孔注多鄙俚不经。其余诸家注解，皆荣华其言，妄生穿凿。明皇遂于先儒注中采摭菁英，芟去烦乱，撮其义理允当者用为注解。至天宝二年，注成，颁行天下。仍自八分御札，勒于石碑，即今京兆石台《孝经》是也。

《四库全书总目提要》孝经类序

清·纪　昀

蔡邕《明堂论》引魏文侯《孝经传》，《吕览·审微篇》亦引《孝经》诸侯章，则其来古矣。然授受无绪，故陈骙、汪应辰皆疑其伪。今观其文，去二戴所录为近，要为七十子徒之遗书。使河间献王采入一百三十一篇中，则亦《礼记》之一篇，与《儒行》、《缁衣》转从其类。惟其各出别行，称孔子所作，传录者又分章标目，自名一经。后儒遂以不类《系辞》、《论语》绳之，亦有由矣。中间孔、郑两本，互相胜负，始以开元御注用今文，遵制者从郑。后以朱子《刊误》用古文，讲学者又转而从孔。要其文句小异，义理不殊，当以黄震之言为定论。故今之所录，惟取其词达理明，有裨来学，不复以今文、古文区分门户，徒酿水火之争。盖注经者明道之事，非分朋角胜之事也。